U0170343

本书由河北省社会科学基金资助出版
项目编号：HB21MK032

我国高校网络安全意识体系建构研究

齐燕铭　王智超◎著

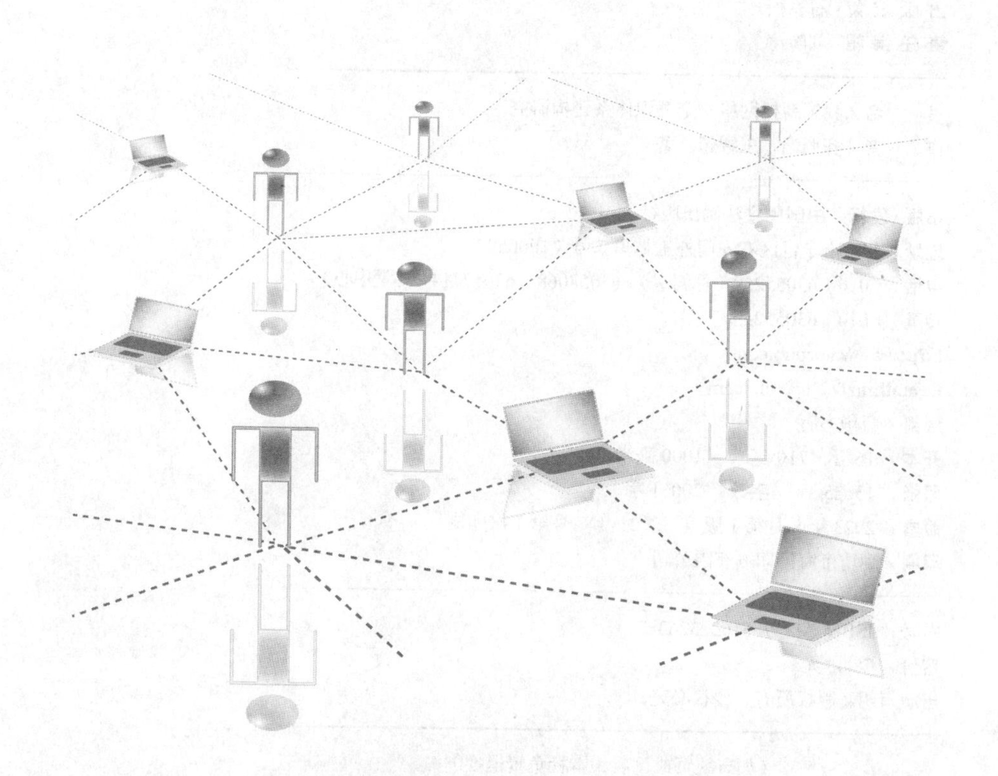

中国出版集团
中国民主法制出版社
全国百佳图书出版单位

图书在版编目（CIP）数据

我国高校网络安全意识体系建构研究 / 齐燕铭，王智超著 .—北京：中国民主法制出版社，2023.6

ISBN 978-7-5162-3263-7

Ⅰ.①我… Ⅱ.①齐… ②王… Ⅲ.①高等学校－计算机网络－网络安全－研究 Ⅳ.① TP393.08

中国国家版本馆 CIP 数据核字（2023）第 104367 号

图书出品人：刘海涛
出 版 统 筹：石　松
责 任 编 辑：刘险涛

书　　名 / 我国高校网络安全意识体系建构研究
作　　者 / 齐燕铭　王智超　著

出版·发行 / 中国民主法制出版社
地址 / 北京市丰台区右安门外玉林里 7 号（100069）
电话 /（010）63055259（总编室）　63058068　63057714（营销中心）
传真 /（010）63055259
http:// www.npcpub.com
E-mail:mzfz@npcpub.com
经销 / 新华书店
开本 / 16 开　710 毫米 ×1000 毫米
印张 / 15. 25　　**字数** / 200 千字
版本 / 2023 年 8 月第 1 版　　2023 年 8 月第 1 次印刷
印刷 / 廊坊市海涛印刷有限公司

书号 / ISBN 978-7-5162-3263-7
定价 / 78.00 元

前　言

随着互联网信息技术的飞速发展，互联网已经将高校、高校大学生与网络世界紧密联系在一起；网络的全球化也打破了物理的时空界限，将高校、高校大学生和现实社会、世界各地紧密联系在一起。一方面，互联网成为高校人员尤其广大学生群体教育学习和科研工作的重要载体和媒介；另一方面，各种网络安全问题也借助互联网蔓延到高校领域。如今，高校领域的网络安全问题和社会大众的网络安全问题都日渐严峻。

高校的网络安全问题与大众的网络安全问题相比，有普遍共通性，比如，网络道德失范、网络暴力等；也有自己的特殊性，比如，网络学术不端。鉴于高校网络安全问题的严峻形势，本书针对高校网络安全现状、风险和应对措施进行阐述，并对高校网络安全意识体系建设给予系统性的阐述，以图为解决我国高校网络安全问题贡献自己的力量。

本书从网络安全问题基础出发，梳理了高校网络安全问题的现状，并从网络道德失范、网络暴力、网络文化安全等常见问题出发，比较全面而系统地分析了高校网络安全的一系列问题，尤其从大学生群体特征、高校教育环境等角度分析了高校网络安全问题的特殊性。在此基础上，本书在高校网络安全意识体系建构上倾注心力，从建构理论基础和建构实践途径两大方面，给出了理性系统分析。从某种程度上说，高校网络安全问题的解决，必须依靠系统性的措施和管理、保障等体系的协同长期作用，建构高校的网络安全意识体系也是发挥协同作用的重要一环。希望本书的探索能够给相关机构、高校、大学生群体带来借鉴意义，作者也希望本书的出版，能够为我国互联网建设事业贡献绵薄之力。

本书在编写过程中借鉴、参考了部分国内外学者的研究成果；由于网络安全问题与互联网实际应用密切相关，也借鉴了大量的网络资源，作者在参考文献中已一一列出，在此一并表示感谢。由于编者水平有限，书中难免有疏漏、不当之处，敬请专家、读者批评雅正、不吝赐教。

目　录

第一章　我国高校网络安全意识体系的现状评估

一、高校网络安全意识研究的意义

互联网作为当今时代重要的信息平台与交流工具，已成为人们日常生产、生活、学习、娱乐等活动的重要组成部分，它深刻地改变了当今人们的生活方式，也正日益将特有的“虚拟态”内化成人们现实生活的一部分。但是，网络也是一把双刃剑，网络自身也带来了一系列的网络安全问题。网络安全问题正在高校领域日益突出，当代部分大学生群体表现出网络安全意识淡薄、网络价值判断混乱、网络道德失范和网络暴力等情况，或者成为各种网络问题的受害者。这些问题的存在，一方面严重影响了当代大学生的全面健康成长；另一方面也不利于高校网络安全意识体系的建构与健康网络秩序的形成和维护。因此，在“网络安全”的宏观视角下，加强对大学生网络安全教育、构建高校网络安全意识体系，就成为高校思想政治教育工作者面临的一个重要课题。

在这一课题下，笔者主要由以下四个探究视角来统领研究。第一，在全面分析网络生态的基础上，深入了解高校网络安全问题，探究高校和大学生积极应对网络威胁道德途径，从而增强大学生的网络安全意识，应对复杂多变的网络威胁。第二，积极响应习近平总书记“网络强国”战略的号召，立足于网络安全与国家总体安全的关系，从更宏观的角度审视网络安全教育，探究维护网络安全与国家安全的途径。第三，正视当今部分大学生网络安全意识薄弱的问题和高校网络安全意识体系建设中的不足，从多角度探究网络安全校园的建设路径。第四，研究健全网络安全培育内容的实践方法，如今部分高校对于网络安全培育的内容还不够完善，尤其网络安全知识传授和网络安全实践均存在一定的问题，也未能很好地结合在一起。最终，笔者试图通过四大视角的融合分析，来探究我国高校网络安全意识体系的建构理论与实践途径。

（一）理论意义

高校网络安全意识教育是大学生个人全面成长的必然要求，也是建设国家经济和精神文明的需要，更是维护网络稳定、维护社会稳定和国家安全的需要。因此，关注高校网络安全意识教育，建构高校网络安全意识体系，具有研究意义。

第一，高校网络安全意识教育是高校思想政治教育的重要组成部分，本书有助于丰富和完善高校思想政治教育理论体系。本书从高校网络思想政治教育较少关注的网络安全教育的角度出发，努力扩宽高校思想政治教育的理论研究视角和实践途径，尤其分析了在互联网时代，传统高校思想政治教育的不足之处。分析了在互联网时代背景下大学生网络安全意识现状，阐述大学生网络安全出现问题的原因以及危害，并从理论和实践两个角度提出了相应的教育对策和体系建构策略，在一定程度上丰富了网络思想政治教育体系。

第二，高校网络安全意识体系建构研究，立足于“体系”的系统角度，有助于丰富大学生网络安全教育的研究内容。当代大学生肩负着社会主义现代化建设的重任，但在大学时代他们尚处于由不成熟走向成熟的时期。作为互联网中重要的群体，大学生很容易陷入各种网络安全问题，并被其影响。大学生要肩负起历史赋予的重任，首先不能在互联网中沉迷。本书相对全面地分析了高校网络安全的各种问题，并从理论和实践、宏观与微观双结合的角度，研究了网络安全教育内容。本书某种程度上打破了以往研究集中于网络安全某一方面的现状，尽可能从更全面的角度丰富大学生网络安全教育的内容，尤其寻找通用于各种网络安全教育领域的途径。

第三，本书着重分析了大学生在面临网络安全问题时的自我应对策略，并提出了加强大学生网络安全自我教育的理论与方法，有助于丰富高校学生网络安全素养的内涵研究。本书结合计算机科学、教育学、心理学和管理学等学科视角展开研究，对提升高校学生网络安全素养提出了一系列有借鉴意义的理论内容，并从“网络强国”战略等视角，拓展了高校学生网络安全素养的内涵与外延，丰富了高校学生网络安全素养的外部因素和环境研究。本书对建立科学、客观、普适高校学生网络安全素养评价指标体系也提供了一些参考意义。

（二）实践价值

互联网打破了信息内容传递的时间和空间局限，并且极大地提升了信息内容的传播速度和互联度。互联网给大学生生活、学习、娱乐、社交带来了巨大便利，使其能够便捷地寻找到自己需要的信息和感兴趣内容。但网络中也存在一定的隐患，大学生正处于人生观的塑造期，需要防范互联网对大学生的身心健康带来负面影响。在高校方面，高校网络安全意识教育和高校网络安全意识体系建构，对于平安、稳定校园建设和完善高校相应教育评价、管理体系也具有实践意义。

第一，有利于提高大学生综合素质，规范大学生的网络行为。大学生往往涉世不深，正处于自身认知和思维能力大发展的时期，也处于对世界和知识文化充满好奇的时期。在这一时期，大学生的综合素质在高校教育和自我学习中迅速完善，但是这时期的大学生也有猎奇、盲从和冒险的不稳定心理特征，容易迷失于复杂的互联网世界中。本书立足帮助大学生更全面地认识网络，尤其立足帮助大学生对层次不清的网络安全问题建立系统的认知，提升自身的综合素质。同时，加强高校网络安全意识体系建构研究，能够让大学生在高校这个主要的活动场中，尽可能地拓展自身的网络安全意识，并逐渐发展自己高尚的网络道德品质与正确网络政治立场，完善自身的综合素质。

第二，有利于大学生树立正确的世界观、人生观和价值观。大学时期是形成“三观”的关键时期，但此时期的大学生社会阅历比较少、思想相对单纯，对现实世界和网络社会的复杂程度认识不够，自我网络安全防范意识也比较薄弱。在这种情况下，大学生的思想观念容易出现异化，需要加强对其的网络安全教育，增强其网络安全意识，丰富其网络安全知识。如此一来，才能增强大学生的自我保护能力和辨别能力，保障大学生的正确价值观不动摇。

第三，有利于健全高校网络安全教育的各项体制。大学生网络安全教育是高校安全教育十分重要的内容，也是高校思想政治教育的重要组成部分。本书通过全面梳理网络安全问题和高校网络安全意识体系建构途径，一方面努力探究了网络安全教育的教育体系；另一方面也探究了高校网络安全管理体系的内容和途径，为健全高校网络安全教育各项体制提供借鉴。

第四，有助于创建平安和谐的校园环境。高校是大学生最主要的学习和生活的场所，能够建立平安和谐的校园环境，能够对大学生健康成长起到非常重要的作用。平安和谐的网络环境也是高校环境的一部分，为大学生成长提供和谐稳定的校园网络环境，也是高校更好发展的必然要求。对于高校的教育工作方面，营造有利于和谐安全的校园网络环境，需要这种理论和实践策略的指导。本书聚焦于大学生的网络行为和高校网络安全意识体系建构，无论是在理论体系还是在实施策略上都做出了一些有益探索，有助于高校创建平安和谐的校园网络环境。

二、网络安全的相关概念及解析

从词义角度出发，大学生网络安全教育无疑属于大学生安全教育范畴，事关大学生的健康成长、平安校园的建设和思想政治教育，在高校领域有着广大的实践外延。但作为一个具象的研究问题，需要明晰其核心概念的范畴，通过核心解析，来明确高校网络安全意识体系建设的重点与难点，并为其体系搭框架和措施指明着力方向。

总体而言，高校网络安全教育以增强大学生的网络安全意识为首要目的，以普及网络安全知识为主要内容，以提升大学生的综合素质、构建安全校园体系为根本目标。研究高校网络安全问题，首先需要系统性了解高校网络安全的相关核心理论。本章将从网络安全的基本概念入手，来全面系统地梳理出网络安全的底层逻辑，为高校网络安全意识体系建设研究提供理念支持。

（一）网络安全

高校网络安全体系的首要概念就是网络安全意识，这是该体系建设的基础。网络具有虚拟性、超时空性和公共性等特点，在网络范围内，不同群体、个体形成复杂的交互关系，不同文化、思想、潮流、观念等驳杂交织，导致网络信息良莠不齐，诸如网络黑客攻击、网络诈骗、网络暴力或不良价值观等行为在网络环境中层出不穷，为网络净化和良好用网提出了重大挑战。

从词义的直观层面描述，安全就是没有危险，《现代汉语词典》中对“安全”的解释是指没有受到威胁，没有危险、危害、损失。

自古以来，人们在生活、劳动和生产过程中，一直致力于追求安全，比如，人身安全、财产安全、隐私安全、环境安全等，这种安全并不是追求毫无风险的“绝对安全”，而是在个体和群体的普遍认知里将危险爆发控制可以接受的水平，控制在一条个体朴素认知和社会道德法律规范所接受的水平线。从内涵层面描述，安全涉及核心三要素“人、物、事”。随着时代的发展，尤其是以互联网为代表的虚拟平台的发展，安全的内涵和外延有了新的发展。

安全核心三要素中核心要素是“人”，无论是“物”还是“事”最终也都归结到人，并为了保障“人”的安全而存在，“物”的存在和“事”的活动也都是基于“人”的生命、财产、隐私等的安全而开展。因此，我们要始终围绕“人”进行，实现“人、物、事”在彼此相对独立和相互联系时的双重安全保障。

经过数十年的发展，网络本身已经形成一个庞大的带有虚拟性的生活场域、学习场域、工作场域、娱乐消费场域等相连的综合场，成为人类生产生活的重要部分，其本身存在和被使用时的物理安全性必然成为社会安全的重要部分。在此方面，国内外有着较为体系和深入的研究和法律层次的规范，在我国，2017 年 6 月 1 日正式实施的《中华人民共和国网络安全法》中对网络本身的物理安全进行了准确定义：“网络安全是指通过采取必要措施，防范对网络的攻击、侵入、干扰、破坏和非法使用以及意外事故，使网络处于稳定可靠运行的状态，以及保障网络数据的完整性、保密性、可用性的能力。”[①] 而美国网络安全专家泰普顿认为网络安全主要包含软件、硬件安全问题和信息安全问题。长期以来，对于网络的物理（技术）安全上，国内外学者已经形成了比较广泛的研究共识，相关文献众多，这里不再赘述。在实际操作层面，计算机科学、网络技术、通信技术、密码技术、信息安全技术、应用数学、数论、信息论等多种学科和技术也已经长足发展、十分成熟，为网络物理安全领域保驾护航。

---

① 详见：《中华人民共和国网络安全法》。

从物理技术层面出发对网络安全概念的研究虽然已经构建出成熟的体系，但是就像前文所述，安全的三要素中的核心要素是“人”。物理技术层次的网络安全概念往往忽视了从人的角度去审视网络安全的外延。

网络传播有三个基本的特点：全球性、交互性、超文本链接。[①]这三大特点构成了网络信息传播的基本面貌。传播信息的数字化、传播者的互动性、传播触达的即时性、传播方式的快捷性、信息内容的大容量、传播路径的开放性等综合作用，构成了网络传播的便捷和实时。与此同时，网络传播也有其天然的劣势，传播的隐蔽性导致虚假信息和低劣信息泛滥。对于涉世未深的大学生来说，面对开放性的网络世界，缺乏相应的保护意识必然潜藏着诸多危险。

当网络和安全结合在一起，基于网络的场域特点，除了传统的安全范畴外，具有了很多超时间和虚拟空间的安全内涵，比如，防刺探、抵制网络暴力、警惕泛文化（意识形态）渗透等；即使传统的财产安全、隐私安全也有了新的要求，如网络诈骗与传统的诈骗就大有不同，网络诈骗财产流动难以追踪、受骗者和诈骗者的时空隔离，使得防止网络诈骗、保护财产安全面临着比传统诈骗更难防范的地位。

2018 年，北京科技大学马克思主义学院学者安静提出自身网络安全主要涉及财产安全、人身安全和心理安全三个层面[②]。本书认为，将网络安全从网络物理本身拓展到网络使用者自身是十分有益的，也符合网络生态的实际，网络暴力、网络道德失范、网络诈骗、网络低俗文化泛滥、网络文化和意识形态入侵等，早已经是网络生态中亟待解决的问题，并

① 何子明 . 公共精神产品输出体制研究 [M]. 长沙：湖南人民出版社，2015：14.

② 安静 . 网络安全意识的内涵变化和应对策略 [J]. 人民论坛，2018（9）：122-123.

且已经全面威胁网络使用者的人身、财产、隐私等现实安全。

具体到高校网络安全领域，新形势下也不应仅从物理安全来看待网络安全问题，也应该延伸到网络用户的一切合法权益都受到保护，我们固然需要加强对网络软硬件和信息资源的保护，但也更应该关注大学生从人身到思想意识全方位的安全保护，这也是本书的重点，对于网络领域可能危害到大学生物质财富、生命安全、心理健康、思想意识等一系列的不安全网络因素予以详细关注。

（二）网络道德失范

网络技术的发展和网络互联的深入，开拓了人们生活、生产、学习、娱乐、交往等活动的空间，深刻影响着人们的社会生活，甚至成为人们社会生活的重要内容，社会层次的道德规范也必然投射和施行到网络之上。道德是以善恶评价为标准，调节人与人、人与社会之间关系的行为规范，主要靠长期的教育和社会舆论来获得，是社会最基本、覆盖最广的规范之一，尤其是群体道德和个人道德的相互作用，成为维持社会运转的一大精神伦理纽带。

讲道德是中华民族的优良传统，也是传统文化的重要内容。“道德”可追溯到道家老子的《道德经》，但是“道德”作为整体词语始于儒家荀子的《荀子》，其中《劝学》篇，“故学至乎礼而止矣，夫是之谓道德之极”。从儒道两家的基本观念来看，道主要是行世的方向、方法；德主要是做人的素养、品质。道德即是在一定社会中人们逐渐形成的信念、习惯、是非判断、行为规范等无形意识形态的总和，总体而言社会公德、家庭美德、个人品德，三者相互联系。

虽然中西方文化存在巨大差异，但是对道德的概念解释具有非常明显的趋同性。英语中表示道德的词语通常是“morality”，来自古法语的“moral”，而其词源来自拉丁文 mōs（其复数 mōres 在 20 世纪的英语中表示“风俗、习惯、品质”等意思），据古罗马哲学家西塞罗的研究，mōs 翻译希腊文 ēthikós，表示“人类在社会中的典型或适当行为”。从 14 世纪末开始，moral 的意思主要即“正确行为规则的或与之相关的”，并衍生出许多与“道德”相关的同词源单词。虽然在不同的国家和地区有不同的道德评判标准，但都代表着一定的价值取向，符合其所在社会的国家政治、社会制度、意识形态等。

在互联网时代，“网络道德”也是现实中道德在网络领域的延续，互联网的发展促进了道德向网络空间发展。随着互联网世界的拓展和人们在其中的连接交流，也产生了很多新的道德规范。直观来说，网络道德是活动在网络上的个人、组织之间的社会关系和共同利益的反映，是人们在网络空间行为应该遵守的道德准则和规范的总和。①

随着网络生活和现实生活的关系日益紧密（某种程度上说，网络生活已经成为现实生活的一部分），现实生活中的道德在网络社会中也有着普适性。在现实社会道德的基础上建立起来的网络道德，必然应该符合现实社会的道德准则，并结合网络社会特殊的人际交往、人社交往网络，调节网络社会中不同主体之间的复杂关系。

俗话说，“法律是道德的底线，道德是法律的高标准”，道德的规范作用是宽泛的，相较而言，比法律在实践中有更基础的调节作用（道德

① 孔晶晶，曹洪军. 网络道德建设的反思与重构 [J]. 信阳师范学院学报（哲学社会科学版），2023，43（1）：87-92.

的实行也离不开法律的保障)。如今，我国的《刑法》已经将网络犯罪行为纳入扰乱公共秩序罪，正是网络道德和法律规范相互渗透的表现。

由于网络在人与人、人与社会交往上具有开放性、交互性、全球性、虚拟性等复杂特征，使得网络监管和人与人、人与社会交往的真实性都大打折扣，网络道德失范成为较为普遍的问题，也是社会层次（有别于物理层次）威胁网络安全的首要表现。网络道德失范行为屡屡发生，不仅损害了受害人的权益，带来包括人身、精神、财产、名誉等诸多伤害；而且扰乱了网络空间建设，严重阻碍了良性网络的搭建；甚至会对社会道德整体架构造成冲击。因此，加强网络道德建设，是维护人们正常网络生活的必然要求。

（三）网络暴力

在网络领域，与网络道德失范密切相连的一个概念就是“网络暴力”。严格意义上说，网络暴力属于网络道德失范的范畴，但其程度往往更为严重，就像犯罪属于违法范畴一样。网络暴力相对于传统的暴力而言，有其特殊性。根据《辞海》解释:“暴力”是一种激烈而强制的力量，具有强制性、侵犯性。《辞海》的释义强调“网络暴力”的激烈程度和伤害性，泛指到侵害他人人身、财产等权利的强暴行为。世界卫生组织在《世界暴力与卫生报告》中指出:“暴力是蓄意对他人身体或社会进行威胁性伤害，极有可能造成死亡、精神伤害、发育障碍或权益剥夺[①]。”世界卫生组织的释义强调“暴力”的伤害性的同时，对其造成的

① 世界卫生组织.世界暴力与卫生报告 [R].唐晓昱，译.北京：人民卫生出版社，2002：5.

社会层次的危害加以关注（社会影响和社会破坏），世卫组织的释义尤为关注到暴力对受伤害人精神层次的伤害，这点在网络这一特殊虚拟空间上有着重要的现实实践意义。本书认为，从网络环境实际出发，“网络暴力”可定义为：网民群体或个体在网络公共社会和社交环境中散布谣言、言语攻击、恶意炒作及非法利用他人信息等侵犯行为，直接或间接造成对他人的人身、精神、财产等造成损害或者侵扰社会公共利益。

网络暴力不同于传统意义的现实中面对面、物理性施加的暴力，其主要存在于“网络公共社会”和“网络社交环境中”，数量庞大的网民聚集的线上公共社会和社交网络中，往往容易形成短时间、爆发性的“群体狂欢”，因此“网络暴力”经常是许多网民无组织的群体性暴力活动，网民对自身行为对他人的伤害性缺乏必要的认识，狂欢之下对自我行为的道德和法律意识急剧下降，网络的匿名性和监管失位情况下，网民的自我约束能力更易下降，从而变得“肆无忌惮”，“网络暴民”的侥幸心理也难以让其对自身行为产生愧疚感，甚至是缺乏必要的道德和犯罪意识。尤其值得注意的是在互联网环境中，群体狂欢（如谩骂、人肉搜索曝光、谣言传播等）的溯源困难，造成伤害后责任主体多、证据难以确定，受害人维权困难，“网不责众”的现象也助长了某些人实施网络暴力的嚣张气焰，不过一旦伤害发生、悲剧到来时，其实每个参与者都是网络暴力的“施暴者”。

在现实的暴力行为中，造成的伤害往往可定性定量，受害者和施暴者有着明显的利益冲突，身份也比较明确。网络暴力的行为人和受害人却往往互不相识，更没有利益冲突，因此网络暴力导致的往往不是现实情况中可见的物理性的侵害（如人身伤害），而是侵害受害人的名誉权、隐私权等其他类型的合法权利，对受害人的精神和心理的双重伤害更加广泛，甚至间接导致精神疾病、自杀等严重的物理性伤害，这种伤害的后果也往往是因人而异的。

笔者经过对网络道德失范和网络暴力的分析认为，当前对网络暴力更应关注其导致的广泛的精神和心理伤害，在立法和判罚层次考虑间接导致的受害人自残、自杀等恶劣伤害的破坏性作用。同时，笔者也认为，对于“暴力”的界定外延也应适当拓展，应该站在新的社会背景和精神、心理伤害的严重后果上重新衡量“暴力”的定义，尤其法律界定。

国家网信办在2019年12月颁布的《网络信息内容生态治理规定》强调对网络暴力行为要依法追究刑事责任，但至今“网络暴力”在我国依然不是一个法律概念，在现有的法律法规中不仅缺乏对网络暴力概念的法律规定，也没有规范性的文件和案例作为释法和惩戒基础。《刑法》中虽然有相关的侮辱诽谤罪、侵犯公民个人信息罪、寻衅滋事罪、故意伤害等规定，但是这些规定是以传统社会暴力行为方式为基础的，其针对的暴力行为和网络暴力的行为特征有巨大差异，在实践中对网络暴力行为追究相应刑事、民事责任时面临着巨大困难。2023年“两会”期间，庹庆明代表呼吁应像惩戒“酒驾”一样，制定反网络暴力专门法律①，某种程度上也代表着社会和法律人的心声。网络暴力作为一种网络现象是传统的侵权社会暴力行为在网络中的延伸，也理应从法律层面加以解决。这是笔者对网络中暴力概念下的一种延伸理解与思考。

---

① 澎湃新闻.庹庆明代表：应像惩戒“酒驾”一样，制定反网络暴力专门法律[EB/OL].(2023-03-04)[2023-05-01].https：//m.thepaper.cn/newsDetail_forward_22159996.

（四）网络文化安全

网络时代将人与人、人与社会之间的“互联互通”大大推进，人们不仅能够便捷地进行跨空间交流，表达自己的观点、讲述自己的故事，更能够便捷地接触到世界各地、古往今来的各种文化。网络的互联互通直接作用于最广大的普通民众，使得普通民众的交际范围和文化触达领域极大拓展，即使相对封闭的高校也是如此。网络的普及尤其是移动互联网的全民覆盖，极大降低了互联网的进入门槛，普通民众获得了传统时代所难以拥有的表达的能力和表达空间，这对个体价值的实现和个人成长的意义是重大的。但是普通大众甚至部分大学生高知群体的表达能力和自身输出文化能力具有不匹配的特点，但网络平台基于算法、逐利性等需求，往往大量输出同质化、低质量的内容（比如，为了“火”而无所不用其极的噱头视频），使得现代网络文化呈现出复杂的面貌，甚至威胁到网络文化的安全。借助互联网，网络文化发展迅速，在影响范围和时空传播上有着独特优势，但是网络文化不可避免地带来负效应，这一点在高校范围内也得以体现。

网络文化是互联网发展的衍生品，是社会文化在网络领域的延伸，在互联网技术支持下，实现了文化、网络和现实生活的融合。在网络的场域里，参与者必然受到复杂的网络文化的影响。在对文化这一概念积淀的基础上，对于复杂的网络文化释义，学界已经有了诸多研究和界定。《信息安全词典》收录的学者冯永泰的网络文化概念“以网络技术为支撑的基于信息传递所衍生的所有的文化活动及其内涵的文化观念和文化活动形式的综合体”，得到了学界的广泛认可和传播，成为学界对广义“网络文化”探究的重要参考。蔡丹在《马克思主义新闻观视域下的网络文化建设》中，从广义对网络文化进行了更详细的阐释：“所谓网络文化，从广义上说，就是通过互联网这一物质载体对思想观念、信息、生产生活及文娱等内容进行传播，是现实中的人各种关系及其变化投射在网络中的展示及表达，是由网络物质文化、制度文化、精神文化相结合而成的统一体。[①]”这一定义主要立足于网络场域内的文化展示、表达和内容。学者万峰则划分出广义和狭义两种网络文化，万峰在《网络文化的内涵和特征分析》中提出：“广义的网络文化即为借助网络信息技术进而产生的社会经济、文化现象；狭义的网络文化是指基于网络信息技术资源共享后形成的行为方式及价值观念等。[②]”

无论是广义的网络文化还是狭义的网络文化，其核心都是根植于网络传播、在互联网中生成的文化，网络不仅仅是简单的传播介质，它本身也构成了文化。网络文化是人类传统文化在网络技术、网络环境、网络互动等条件下衍生出来的新型文化。网络生态的面貌决定了网络文化其有别于传统文化的特征，比如，呈现形式上的图像化、基于分享与搜索的传播模式、接受主体的全民性等。

网络文化无疑是信息时代、数字时代最重要和普及性最高的新兴文化之一，网络的全民参与性也决定了基于其产生、传播的文化对人们的思想观念、生产生活、学习认知等产生了深远影响，但是当互联网“双刃剑效应”在网络文化层面也不可避免地发生，比如，全民狂欢导致的

---

① 蔡丹，蔡永生．马克思主义新闻观视域下的网络文化建设 [J]. 贵州社会科学，2014（5）：128-130.

② 万峰．网络文化的内涵和特征分析 [J]. 教育学术月刊，2010（4）：62-65.

低俗、媚俗文化泛滥，外来不良思潮引发的对社会主义核心价值观的冲击等。在全球互联和全民参与的时代，网络文化安全也越来越受到重视。

在网络文化场域，客观的探讨与理性的辩论往往让位于道德的讨伐和自我的偏执，盲目鼓吹与不加分辨下的文化传播，对文化所应有的品格和知识内涵缺乏应有的尊重，也影响了网民正确价值观的形成。互联网使得人们能够方便地接触到全球多元文化，领略不同文化的优秀之处，汲取外来文化中的营养；但是许多不良文化也伴随着优秀文化而来，比如，历史虚无主义下的反历史话语、资产阶级政治观，尤其资本主义腐朽思想文化的代表——拜金主义、享乐主义和极端个人主义更是造成恶劣的社会影响，甚至对整个社会主义精神文明建设造成冲击。无论是外来还是内生造成的文化价值观扭曲，都应加以关注。如何加强对网络文化的监管引导、维护网络文化安全，为我国高校网络文化安全献计献策，为我国社会转型期社会主义文化生态建设保驾护航，是本书的题中之义。

（五）网络意识形态安全

随着互联网的快速发展，传统媒体（尤其是官方媒体）对信息资源的掌控和垄断被网络媒体打破了，甚至主流媒体和官方媒体本身也开通网络端，和其他网络媒体一起成为信息传播的主渠道。当前网络信息技术迅速迭代升级，各媒介主体和传播形式层出不穷，新兴网络媒体自身的即时性、互动性等特征，既有利于不同主体的声音和主张传达的实现，也能促使各种主流社会思潮和价值观的下沉与传播。但是新兴网络媒体往往缺乏官方媒体所具有的严谨性、真实性、科学性、专业性等特征，时常出现新闻失实、信息失真等现象，加剧了网络信息甚至社会思潮冲突。而且新媒体的主体极度分散，内容输出数量庞大，那些低质量的信息内容也稀释了主流意识形态内容的有效供给，对社会主义主流意识形态造成巨大威胁。

意识形态事关我国社会主义核心价值观乃至国家政权的稳固，有着极为重要的地位。“意识形态”这一概念最早由法国大革命时期的哲学家德斯蒂·德·特拉西使用，其指出，“意识形态是研究人的正确观念产生过程和意识的发生、发展变化规律的学说，其主要任务是探寻认识的起源、界限及其可靠性程度”①，这一理论具有强烈的哲学色彩，已经深入到人们的思想意识中，在后人的研究中，将“意识形态”和社会、国家日益联系起来，直到 19 世纪 40 年代马克思主义意识形态理论创立，“意识形态”这一概念才全面发展成熟。马克思和恩格斯首先从否定意义上使用意识形态的概念，他从德国资产阶级所具有的意识形态（德意志意识形态），来分析意识形态的社会属性和阶级属性。马克思和恩格斯从社会范畴将意识形态提升到更高的层次，“那些法律的、政治的、宗教的、艺术的或哲学的……意识形态的形式”②，总之马克思主义意识形态理论赋予了它反映社会存在的思想观念的总体地位。列宁领导十月革命建立世界上第一个社会主义国家后，他提出的“社会主义意识形态”概念也被日后包括我国在内的社会主义国家借鉴，在马克思列宁主义的引导下，数代杰出的马克思主义理论家、思想家、实践家确立了马克思主义在我国意识形态领域的指导地位，并结合实践发展出中国特色社会主义理论。中国特色社会主义理论是全国人民群众利益的集中体现，也是我国社会

① 戈士国 . 批判与建构：特拉西意识形态概念的双重意象 [J]. 哲学动态，2011（2）：41-47.

② 大卫·麦克里兰 . 意识形态 [M]. 孔兆政，蒋龙翔，译 . 长春：吉林人民出版社，2005：8.

主义革命和建设事业的根本理论指南，关乎着社会安定、国家政治安全等全局领域，重要性不言而喻。

网络作为信息传播的重要渠道，为国家主流意识形态的传播提供了新方式、新路径，但因为网络的多样性、复杂性也让其成为意识形态斗争的阵地。一些别有用心之人“唯恐天下不乱”利用虚假、捏造或误导性信息来混淆视听、扰乱网络环境，甚至肆意攻击党和国家政府，抹黑社会主义革命和中华人民共和国成立 70 多年来的发展成就。

网络空间的传播特点决定了群体认知的感性大于理性，容易导致部分舆论失控走歪，尤其是国内外各种政治事件、社会热点爆发时更是如此。网络话语空间的多元话语鱼龙混杂，充斥着大量情绪化非主流意识，甚至与官方公共媒体宣扬的主流意识形态故意抗衡。比如，对于社会热点事件（如“6・10”唐山烧烤店打人事件），用谣言干扰政府官方的调查信息，攻击我国社会治安的良好大局。无论是普通大众还是高校大学生，身处网络环境中，都面临着不良社会意识形态的误导。高校大学生肩负着未来建设社会主义国家的重任，也是未来国家建设的栋梁之材，他们的思想意识水平至关重要，高校的网络安全建设也必然需要关注到网络意识形态安全领域。

三、目前我国高校网络安全意识体系建设面临的主要问题

前文重点分析了网络安全的相关概念，尤其一些突出的网络问题指射的概念逻辑，这里将具体细化到高校这个特殊的场景来分析网络安全现状和所面临的主要问题。高校网络是整个互联网的一部分，网络安全的突出问题，在高校领域同样出现。大学生在学习和生活中都离不开网

络，但是高校的网络和其他大众网络对比相对封闭，网络安全问题的产生一方面具有普遍性的因素；另一方面也与大学这个场景下的网络安全监管不足、教育缺失等有着密切关系。

当今世界，人们的日常生活基本离不开网络，对于当代大学生而言，网络的重要性也是不言而喻，是大学生获得知识、了解社会、学习娱乐等活动主要途径之一。相对于现实而言，网络是一个监管偏薄弱的地带，大学生正处于在校生向社会人过渡时期，认知具有不稳定性，网络问题可能危害到大学生身心健康和财物安全。从一般意义上理解，网络安全乃至安全体系建设是一个关涉全社会的宏观问题，本书则在宏观意义上的框架下，着重关注高校领域自身网络安全体系建设面临的主要问题。

（一）高校网络安全教育课程的不足

大学生群体是网络用户中的主力军，由于其日常学习生活的场景变化相对简单，因此对网络的依赖程度更高，加之长时间使用网络，受到网络安全威胁的可能性也更高。由于心智和社会经验的不足，大学生往往表现出网络安全意识薄弱、信息识别能力差、易上当受骗等问题，大学生受网络诈骗的事件频频见诸报道。网络安全问题使得当事大学生不仅受到了财产损失、名誉伤害，甚至不堪承受打击而自残、自杀。解决大学生网络安全意识不足等问题，往往难以通过其自身解决，这就需要学校提高对大学生网络安全教育水平，完善大学生网络安全教育的内容。

然而当前高校对大学生的专业课教育比较重视，但对大学生网络安全教育的重要性认识不足，缺乏相应的系统性课程或者专业教师的辅导，经常在学校发生网络安全事件后手足无措，即使亡羊补牢性地开展一些网络安全教育，往往也是针对具体事件的补偿性措施（班级通告、学校公告等简易通知）。有的学校会组织一些关于网络安全教育讲座，但也经常流于形式，效果大打折扣。

从网络安全教育的内容层次来看，大学生的人身安全教育、财产安全教育、文化安全教育、国家安全教育都有类似的问题。一方面，这源于绝大多数高校并没有设置专门的网络安全教育课程，难以开展系统化的网络安全知识教育。另一方面，传统“安全讲座”方式涵盖面有限，也难以引起大学生的兴趣，难以发挥实际的网络安全教育。根据目前网络安全的形式和社会实践，在笔者看来应该从如下方面加强。

从人身安全方面来看，学校网络安全教育应该涵盖防止校园和网络暴力、心理健康教育、社交网络安全教育等诸多方面，并与传统的住宿安全、食品安全、运动防护、交通安全教育、应对突发事件、禁毒宣传等安全教育结合，为大学生的衣食住行保驾护航。财产安全方面，学校应加强防网络诈骗、防止网络赌博、防校园贷、反传销等方面的网络安全教育，尤其是最近几年频频出现事故的校园贷、网络诈骗更应加强教育。传统的财产安全主要是从防火、防盗这些方面入手，却忽略了极易给大学生带来重大财产损失的网络路径。文化和国家安全（意识形态）教育方面，学校应该加强反邪教、反敌对势力渗透等方面的教育，并与思想政治教育课程结合起来。

但是目前我国高校普遍存在偏重于校园安全管理，对网络安全教育重视不足的问题，表现出教育内容陈旧、教育手段单一、教育力度不够、大学生学习兴趣低[①]等特点，对网络安全教育课程设计提出了更高的要求。当前大学生是“互联网一代”，在网络上受到损害的概率往往大于在现实中受到损害的概率，大学必修课程《思想道德修养和法律基础》中有少量的网络安全知识，但集中在网络道德方面，对于网络安全防范知识、网络心理健康等其他领域涉及较少，因此，需要专门设计和开展网络安全课程对大学生进行教育。

在笔者看来，大学生网络安全教育课程大致应该包括四个方面：网络安全防范、网络心理健康、网络道德、网络法律。通过全面的教育，不仅要使得大学生免受网络侵害，也能够提升大学生的网络道德和法律意识，教育大学生不做网络的施暴者、侵害者。网络安全教育课程一定要内容新颖、契合时代，只有这样才能保证网络安全教育的实用性、即时性。教育手段上可以考虑采用传统课堂与多媒体结合等多样手段，提升网络安全教育的吸引力。教育力度层面，除了搭建完善的网络安全教育课程外，应有专业教师来对大学生进行心理健康教育，及时疏导大学生面临的网络心理问题，帮助大学生安全理性上网。

尤为需要注意的是，网络安全问题往往会导致犯罪，但是对于这个“虚拟空间”上各种违法犯罪的法律知识教育经常是缺乏的。大家在现实中对法律往往能够充满敬畏之心，但是在网络上却“肆无忌惮”，突破道德乃至法律的底线。高校网络安全教育需要重点弥补这方面的不足，引导大学生了解网络犯罪，增强其网络安全防范意识。大学生熟知相关法律法规后，当自己的合法权益遭到侵犯时，懂得拿起法律的武器保护自

① 孙亚南，徐元杰 . 新媒体时代高校网络安全教育问题及对策研究 [J]. 平顶山学院学报，2022，37（4）：109-113.

身；也自觉履行自己上网时的义务，不做网络违德违法事件。

（二）高校网络安全教育师资力量不足

现阶段高校开展网络安全教育面临着不仅是“课程缺乏”导致“巧妇难为无米之炊”的局面，更面临着缺乏专业的师资队伍导致的“难寻为炊巧妇”的局面。虽然近年来国家一直强调高校网络安全教育，比如，由教育部牵头进行的“一流网络安全学院建设示范项目”，但是对于绝大部分高校来说，高校网络安全教育缺乏专业化的师资队伍。

目前来看，绝大部分高校的网络安全教育工作主要由辅导员、思政课教师或保卫处管理人员兼任，他们往往缺少专业化、系统化的网络安全教育培训，对网络安全法律法规和现实案例缺乏基本的认知。即使相关度比较高的思政课教师，仍主要使用传统的教学内容和教学手段，难以契合互联网时代高校网络安全教育的新动态，网络安全教育教育不能做到“有的放矢”。

创建一流的网络安全学院，优质师资是关键。在2019年国家网络安全宣传周开上，教育部公布了第二批一流网络安全学院建设示范项目高校：华中科技大学、北京邮电大学、上海交通大学、山东大学。五所网络安全教育实践优异的高校的“网安”院长也分享了其对网络安全教育教师队伍的认识。山东大学网络空间安全学院院长、中科院院士王小云的见解具有代表性，他说：“高校作为人才培养的第一环节，优质的教师资源是关键。[①]”在王小云看来，优质的师资是目前高校建设一流网络空

① 央广网.华科、北邮、交大、山大院长共话网络安全人才培养：优质师资是关键[EB/OL].（2019-09-17）[2023-05-01].https：//baijiahao.baidu.com/s?id=1644890251358511940.

间安全空间面临的最大困难。从另一个层面来讲，优质的师资也是培养网络安全人才的前提，只有良好的师资队伍才能维持网络安全队伍的良性发展。在这个过程中，优秀的老师是“优秀教材”和“优秀学生”的纽带。

建设高校网络安全意识体系，优秀的教师队伍是培养大学生网络安全意识的基础保障，引导在网络环境下成长起来年轻大学生树立网络安全意识，养成网络守法意识。

在网络资源使用上，年轻人由于自身的学习能力和接受能力强，对网络更为熟悉。很多非专业的网络教育教师在年龄、精力、思维模式等方面存在限制，在认知网络和接受网络新鲜事物上并不具有优势，一旦由其来“代理”网络安全教育课程，教育效果明显会受限。因此，想让高校网络安全教育取得高效结果，需要有一批能够把握网络新特点、新动态，熟练掌握网络生态的专职教师队伍来执行。

另外，网络安全是一个交叉学科，需要综合信息学、社会学、心理学、管理学等学科的综合知识，网络安全学科理应专业化，也离不开专业化的师资队伍进行网络安全教育科研工作。与此同时，高校也应该建立相应的鼓励制度和激励措施，吸引专业教师加入网络安全教育队伍。这也是目前高校网络安全教育教师队伍建设面临的巨大问题。

网络信息技术日新月异，要求网络安全教师必须适应和洞察网络时代的飞速变化。但是目前高校的专职教育队伍的水平参差不齐，特别是一些没有接受过网络安全的专业化培训教师“兼职上岗”，远远滞后于网络安全教育的现实需求。因此，高校需要“组建一支既有专业背景又有实践经验的网络安全教育教学团队，建立网络安全实验室，理论教学与实践教学相结合”[①]，通过教师引导下的理论学习和实践操作，让大学生增强网络安全意识，从容应对进行网络的安全威胁。

互联网背景下部分高校教师存在对新事物接受较慢的情况，在前互联网时代，教师渊博的知识和人生阅历积淀，使得其能够以“优势”的信息和经验地位教育大学生；在互联网时代，许多大学生从小就接触网络，对网络世界的熟悉和接受程度甚至可能会远高于部分教师，这就给教师的网络安全教育带来巨大的挑战。只有和大学生网络生活“不脱节”的专业教师才能胜任高校网络安全教育工作。但是，大学往往缺乏这样的专业教师，或者没有建立培训这样专业教师的机制。高校网络安全教育的教师队伍建设任重而道远。

（三）高校网络安全预警和管理不足

除了前文分析的网络安全教育内容、师资队伍存在的不足等因素外，高校网络安全教育与大学生之间缺乏深层的互动和效用机制，也与高校网络信息安全预警和管理不足密切相关，高校在推行安全教育时没有形成全局的凝聚力，大学生难以真切感受到学校在保障自身网络安全上的实效，因而对学校的网络安全教育缺乏深度共鸣。

现阶段高校开展的网络安全教育没有建立适合新时代趋势的管理体系，没有建立安全教育机制，仅有个别的安全教育队伍以及督导小组这些机构挂靠在保卫处、学生会以及管理中心等部门，非常松散，难以进

① 张树启．移动互联网时代大学生网络安全教育的策略研究 [J]. 学校党建与思想教育，2022（24）：63-65.

行横向的协同。[①] 网络安全师黄焱的阐述基本符合当下我国高校网络安全教育的部分面貌，也触及了高校在此方面的监管体制的根本性问题。这一问题覆盖到复杂的校园安全建设全域，并辐射到网络领域。

目前我国高校广泛采用开放式办学，在此模式下，高校与社会的协作程度得到提升，但是也相应降低了学校管理的安全性，一旦监管制度缺失、必要的监管措施落实不到位，就会引起从现实到网络双层次的安全威胁。

第一，学校的物理安全管理。学校外来人员管理松散问题长期存在，各种鱼龙混杂的人员涌入校园，传销、网贷等人员可以近距离接触到大学生，甚至一些大学生被发展成其“内线”，产生巨大危害。许多学校缺乏对校园周边社会环境专业的信息采集，校园周边逐渐复杂化的社会群体里不乏一些别有用心、专盯涉世未深大学生的不法分子，校园周边成为其出没的犯罪场所。在利益的驱使下，一些商家在学校周围进行不良经营，严重腐蚀着大学生的身心健康。许多学校对于这种情况，有的采用简单粗暴的“一封了之”，禁止大学生的正常出入，有的出现事故后就“头疼医头”单独处理，甚至推卸责任，这都不是完善的学校安全监管体制应有的做法。

第二，学校的网络舆情管理。学校的网络舆情管理涉及网络道德失范、网络暴力、网络文化安全等多重领域。对于在校大学生来讲，其思想认知以及自身的价值观、世界观和人生观都处于构建阶段，还不健全，容易受到外界不良思想的影响。无论是个人社交领域的错误观念，还是

---

① 黄焱．浅析新时代高校网络安全教育的困境与策略 [J]. 长春师范大学学报，2019，38（9）：32-34.

社会层面的不良舆论都严重危害大学生的三观。一些不法人员正是看准大学生的不成熟，将高校生作为行骗伤害的对象，将高校作为思想渗透的场地，给校园安全带来了巨大的安全隐患。在一些不良社会思潮和舆论的冲击下，一些心智尚不成熟在校大学生往往会做出错误的选择，这不仅严重影响在校生的学习、生活，给校园安全增添了许多不稳定因素。面对这一问题，无论是学校的校园网、局域网建设，还是社会舆情引导，都需要相应的学校监管体制来保驾护航。然而面对多元化社会环境信息浪潮，高校在网络安全管理方面往往因为"力不从心"，而没有建立起相应的管理机制。

高校在构建基础的网络安全监管机制时，要紧跟互联网的发展现状。要切实监管机制的现实协调作用，监管机制自然以学校为中心，但是目前高校的监管机制往往忽视了大学生的主体地位，以及社会的辅助作用。随着传播技术的变革以及媒体格局的扩大、舆论生态的蔓延，教育者已经不再对教育信息以及资源持有绝对的支配权[①]，师生之间不能再局限于单向的输出，学校和学生之间也不能局限于单向的管理。与此同时，院校和社会之间的合作机制并不完善，缺乏良性协调互动，这也使得社会各方面力量对学校网络安全体系的构建发挥的作用十分有限。

高校的网络安全预警和管理整体上要建立学校网络信息安全管理制度、学校网络信息安全责任制度、网络舆情应急方案、预警和处置方案等。在内容覆盖上，整个体系应该涵盖国家安全、民族团结、反邪教和封建迷信等思想政治领域；反诈骗、反黄赌毒、反谣言和反诽谤，反危

① 白天宇，陈龙涛，张晓光．"互联网＋"与大数据背景下高校大学生网络安全教育初探[J].河北北方学院学报（社会科学版），2016（5）：110-112.

害社会公共利益和扰乱社会秩序等公共安全领域；警惕个人信息泄露、反网络暴力等个人安全领域。在落实层面，相关人员应该认真执行各项管理制度和技术规范，监控、封堵、清除网上有害信息；落实网络安全责任人和责任追究制；落实软硬件设施建设；按照安全规范正规用网等。在保障方面，应该建立网络舆情应急方案，落实应急管理工作；等等。

（四）内外因素作用导致大学生网络安全意识不高

高校网络安全体系建设的首要主体是大学生，大学生网络安全意识的水平直接制约着该体系的建设，然而在各种内外因素的作用下，大学生网络安全意识存在薄弱状况，甚至导致不愿意配合学校网络安全管理现象的出现。

造成大学生网络安全意识薄弱的原因有很多，既有外部的网络环境、家庭环境、社会环境等问题，也有自身网络素质不高的问题。在外部因素上，学校对网络安全教育方面的不足前文已有论述，这里从其他角度进行阐述。网络空间的虚拟性和庞大互联场域使得整个网络空间呈现出某种无序性的鱼龙混杂，导致网络空间存在色情、暴力、歪曲、低俗、违法乱纪等内容，这些内容来自境外、社会不良人员等外在因素。大学生在耳濡目染之下往往会对这些不良甚至违法内容失去警惕，甚至主动传播。尤其值得注意的是，目前网络已成为国际竞争的场域。2019 年，习近平总书记对国家网络宣传周作出重要指示，“国家网络安全工作要坚持网络安全为人民、网络安全靠人民，保障个人信息安全，维护公民在网络空间的合法权益。要坚持网络安全教育、技术、产业融合发展，形成人才培养、技术创新、产业发展的良性生态。[①]”境外势力宣传本国的资本主义思潮，一方面妄想干涉我国政治、经济、文化、军事等领域；另一方面通过宣传拜金主义、享乐主义、极端个人主义、庸俗主义等内容，腐蚀大学生的思想。大学生的认知意识还有待完善，思想政治意识有待加强，极易受到社会不良内容和境外反动思潮的影响，从而造成自身的网络安全意识下降。

当前大学生群体的网络生活基本都起始于家庭，家庭环境的好坏也影响着大学生的网络安全意识。比如，溺爱、暴力、失和、单亲以及放任型家庭，往往导致大学生沉迷网络，或不良上网排遣自己的情绪，或肆意妄为上网失范。家庭成员之间不良价值观传导、父母等对大学生用网行为的监督、引导的缺失，也容易造成大学生的上网行为的混乱。

大学生的个人隐私保护意识和防诈骗意识普遍比较薄弱，在社交领域，常缺乏警惕，容易向“聊得来”的网友泄露自己的真实信息，或者将大量个人真实信息和照片发布在微博或微信朋友圈上，被别有用心的人利用。网络方便、廉价而丰富的娱乐方式也往往吸引着大学生的目光；大量的色情、暴力、赌博等有害信息也乘虚而入，借娱乐平台等诱惑大学生。如此一来，大学生在放任自己“网上冲浪”时，自身的安全意识也逐渐被削弱。

综合而言，大学生网络安全意识薄弱主要表现在网络信息能力甄别较差、网络安全知识和技能掌握不足、网络道德自律程度不高、法律意识淡薄等。大学生网络信息能力甄别较差，就会导致自身思想容易被不

① 环球网．习近平论网络安全[EB/OL].（2023-04-15）[2023-05-01].https：//baijiahao.baidu.com/s?id=1763247416850691056&wfr=spider&for=pc.

良信息污染，大学生使用网络获取所需学习、生活等信息的同时，自身对不良信息“免疫力”难以抵挡网络不良信息的侵害。一些网络不法分子，也看到大学生信息甄别能力差但又用网频繁，所以将其作为攻击的首要目标。

大学生网络甄别能力较差在网络舆论的传播过程中也十分明显，很多大学生盲目相信一些网络“大V”和一些自媒体所发布的信息，不进行理性思考和自我判断、不辨别真伪的情况下，就为虚假或歪曲事实的信息传播“推波助澜”。

大学生网络安全知识和技能掌握不足，有相当一部分学生甚至对基础防火墙、杀毒软件使用都不够了解，无法对自己日常使用的网络设备或学校公共网络设备进行有效保护。大学生网络道德自律程度不高，在网络环境中缺乏必要的行为约束，一些高校学生加入“网上骂战”甚至“网络暴力”的大军，丧失了在现实世界中坚守的道德感。大学生法律意识淡薄，在网络世界中时有“不知法就违法”甚至“知法犯法”的恶劣现象；在面对网络诈骗、网络暴力时，也不懂得用法律的武器去维护自身的合法权益或者规避危险。

第二章　大学生网络安全意识现状

一、大学生自身网络安全意识构成

随着互联网的普及和发展，大学生网络安全已经成为一个越来越严重的问题。如今，大学生在网络上的活动越来越频繁，其网络安全意识的构成直接决定着其在网络环境中的活动安全。

首先，大学生应提高网络设备安全的意识，应该了解网络攻击的基本种类，尤其是网络攻击的种类，包括病毒、木马、蠕虫、网络钓鱼、黑客攻击等导致的“设备受损”性质的物理伤害。此层次的安全意识涵盖计算机系统、网络、移动设备和其他信息技术设备未经授权的访问、破坏、更改、泄露、损失或破坏等。做到这一点，需要大学生遵循网络安全的基本使用规则。总体而言，此类网络安全意识较为直接和偏网络实操应用，本节不再做单独分析。

其次，提高“网络信息安全、网络人身安全、网络财产安全”三大领域的安全意识。大学生个人隐私保护意识比较薄弱；大学生对网络虚拟空间判断不足和生活经验缺乏；大学生的网络信息识别能力较差和防诈骗意识薄弱，使得其在网络信息安全、网络人身安全、网络财产安全方面的安全意识出现诸多问题。这也是笔者研究的重点。

大学生网络安全意识，本质上是大学生面临网络的海量信息和鱼龙混杂的庞大网络行为时，应该能够辨别其真假、是否符合人们理性认知和社会道德法律要求，并通过自己的“安全意识”来指导自己的网络行为。

（一）个人信息安全防护

互联网已经进入到大数据时代，信息的产生、储存、处理、分析和应用已经十分系统和成熟，个人信息（包括行为信息）被数据化，被各种平台用来分析用户行为，但也为不法分子利用个人信息开展骚扰、推销和不法行为创造了可能。在网络世界，个人信息泄露引发的诸多事件，已经成为网络安全问题中最普遍的现象。

随着信息技术的发展，大数据应用技术已经覆盖了商业、医疗、教育、经济、社交等社会的各个方面，推动时代的快速发展。然而，大数据在收集、存储和使用数据的过程中，存在个人信息泄露的普遍现象。大数据时代的隐私与传统的个人信息隐私，最大区别在于个人信息的数据化，各种平台甚至个人可以通过相应的技术采集手段，将收集到的个人信息变成数据并按照预设的模型进行分析处理，某种程度上说，用户成了被窥探的“透明人”。在大数据时代，有一个普遍的说法——“数据就是金钱”。个人信息数据化后，通过技术手段可以挖掘用户的行为习惯、消费习惯，甚至性格、爱好等深层内容，进而转化成现实的商业利益；但是，也可以被不法人员用于诈骗、推广不良内容、引导恶意消费等场景来牟取暴利。总之，在信息时代，个人信息变成了某些人眼中有利可图的“商品”，被利用好自然会促进个人与社会的良性互动，而被非法利用时往往给当事人带来网络安全危害。

个人隐私的泄露大致可以定义为未经授权在网络上宣扬、公开或转发他人间的隐私，未经授权收集、截获、复制、修改他人信息。常见的个人隐私泄露包括：①各种平台（购物、游戏、社交等）个人注册档案中的隐私泄露，这些档案中的信息真实度很高，包括“电话、地址、身份证件、电子邮件地址、个人照片”等，很容易被不法平台和个人利用。②社交活动中的隐私泄露，用户自己发布的心情日志、朋友圈信息、视频图片等，还有被其他社交用户曝光的私聊信息等，这些信息往往暴露了个人的真实生活，容易被不法分子进行相应的个人行为画像分析并加以利用。③平台个人行为数据泄露，包括个人出行信息、消费信息、财务信息等，基于大数据化的处理后，这些信息往往会被相应平台加以利用或作为“商品”出售。

具体到高校大学生，一些大学生的个人基本信息和账户信息泄露的风险较高，尤其是在社交网络缺乏警惕性的情况下更是如此。目前大学生个人信息泄露风险集中在姓名、性别、年龄、电话号码、学校和家庭住址等在内的个人基本信息的泄露；对于个人账户信息泄露的风险主要指网银账号、第三方支付账号、社交账号和重要邮箱账号等。[①] 而这些泄露现象也往往是大学生上当受骗甚至遭受人身、财产伤害的重要原因。

个人信息泄露有着主要源自于网络环境的复杂性和个人网络安全意

---

① 彭永峥 . 国内大学生网络安全认知现状与提升 [D]. 郑州：郑州大学，2019.

识的缺失。网络的开放性为个人信息的传播提供了途径；它的匿名性又使得个人的信息很容易被收集和传播。一些平台缺乏行业自律，不严格履行保护个人信息的义务，不采取有效的安全技术来保护用户的个人信息，甚至主动恶意收集用户的个人信息，导致个人信息和隐私泄露。这些平台有的单方面制定过分的"免责声明"，形成"霸王条款"，将本该自身承担的责任推卸给用户；有的平台为了收集个人用户信息设置烦琐的安全设置操作，造成用户在不了解、不耐烦的情况下默认平台自身的设定，造成个人信息泄露；有的平台则要求用户对平台开放调取个人信息的权限（如读取通讯录、读取短信、调用摄像头等），甚至多达数十项，造成个人信息大量泄露。

个人原因上，很多人没有意识到当今个人信息泄露的广泛性，缺乏相应的自我保护意识，没有认识到个人信息泄露的复杂途径以及严重危害，在如何保护自己的个人信息方面更是关注不够。许多人往往有不安全的社交网络行为。比如，在社交平台上使用真实信息；重要应用的密码设置简单；在不安全的网络和环境中登录银行、支付平台。还有的人对"网络熟人、朋友"缺乏警惕，轻易相信他们的话语，或者点开不明链接、注册各种账号，甚至告知个人真实信息等。

网络具有两面性，我们在享受网络带来的便利性时，也要预防网络带来的伤害。对于大学生而言，警惕个人信息泄露带来的各种问题尤为重要。大学生一方面要对所使用的各种平台、登录的各种网站有基本了解，对其挖掘个人数据行为提高警惕，很多时候"谨慎一时能够平安一世"；另一方面，个人行为中尤其是在社交网络行为中，要注重个人信息的保护，不主动暴露、泄露自己的关键个人信息。只有如此，大学生才能在网络使用和个人信息、隐私之间找到平衡点，最大限度利用网络来便自身的学习和生活。

（二）人身安全防护

在高校安全教育金字塔模型中，人身安全教育是最底层和基础的部分（见图 2-1）。从生命教育理论和人本主义理论出发，从“以人为本”的安全校园建设出发，高校学生的“人身安全”必然处于基础的地位。高校学生的身心健康是其安心进行学习、生活的保障。在互联网时代，传统的人身安全也间接延伸到网络领域，加大了高校学生人身安全面临的复杂威胁。

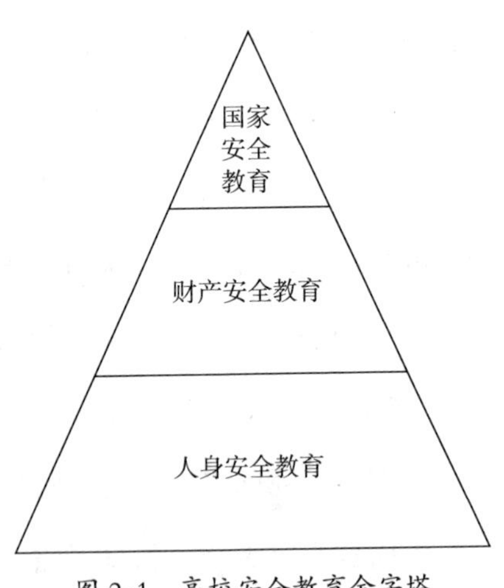

图 2-1　高校安全教育金字塔

传统的人身安全领域包括公共卫生安全、心理健康安全、食品安全、住宿安全、交通安全、禁毒宣传、运动安全、校园霸凌等多个方面。从生命教育理论看，这些教育有着充足的理论基础，如人对“生命”的本质需求，防范生命受到公共卫生事件、交通安全事件、毒品泛滥等侵害的社会需求。从人本理论出发，这些教育有着充足的实践支撑，如人际关系实践、安全管理经验、开放性社会协作体系等。从人身安全教育到财产安全教育再到国家安全教育，也是人们内在需求从低级向高级发展的过程。人们只有在生命安全和身心健康得到保证的情况下，才会有余力关注财产安全；人们只有在人身安全和财产安全的情况下，才能够去执行、落实国家安全。因此，人身安全教育既是根本，是基础，也是保障。

一般情况下，网络不会对高校学生产生直接的人身安全危害，但一些网络行为可能会形成威胁人身安全的风险隐患。比如，现实世界中，一些学生陷于“网贷”的困局，在被要挟和名誉受损的情况下，很容易出现心理健康问题，也可能遭受暴力催收的直接人身伤害（打骂、囚禁等），极严重的甚至导致一些学生不堪忍受选择自杀。网上个人信息、隐私的泄露传播，被坏人加以利用后，也可能导致严重的身心伤害。网络道德绑架和网络暴力对高校学生的人身安全伤害比前两种更加直接，尤其是网络暴力等导致一些学生精神失常甚至自杀。2017 年厦门某学院一位大二在校女学生因不堪承受校园贷的还债压力和催债骚扰，选择自杀，当时轰动了整个网络。而据央视财经、中国日报等多家媒体报道，“裸贷”魔爪已伸向女大学生！逾期未还被敲诈，多人被逼自杀①。这些报道揭露了网上“裸贷”对涉事大学生造成的惨痛伤害。

近年来，随着网络曝光，大学生对诸如此类的人身伤害事件形成了

---

①　央视财经.“裸贷”魔爪已伸向女大学生！逾期未还被敲诈，多人被逼自杀…[EB/OL].（2017-10-27）[2023-05-01].http：//www.gov.cn/zhuanti/2017-10/27/content_5234876.htm.

一定认识，构成了大学生网络安全意识的一部分，但网络环境变化迅速，学生仍需加强对网络造成的人身伤害的警惕。

高校学生的人身安全不仅是其基本生存需求，也直接关系着切身利益和人生发展，对于家庭的和谐幸福与平安校园的建设也至关重要。无论是家长、学校、社会、还是学生自身，都要时刻保持人身安全教育的敏感神经。高校提升学生网络人身安全意识水平，做好心理健康教育至关重要。学生在使用网络或生活学习时，拥有良好的心理健康状态，才更不易被不良分子利用，进而保护自我的人身安全。基于这一点，开展心理健康教育，高校内部可以从开展心理教学活动、制定心理健康课程、提高心理健康教育者业务水平等方面入手；外部可以引进网络安全专业人员、法律人士开展讲座、教学，组织心理专家进行心理咨询和服务等。当然，最重要的还是学生要加强自我的人身安全意识，不可因为网络的虚拟性而放松安全意识。

（三）个人财产安全

在互联网时代，互联网技术也被大规模应用于金融行业，为金融行业提供强大的信息后盾和技术支持。互联网不仅大大增加了金融服务产业的便利性，也催生了许多线上的金融产品，尤其是像“支付宝、微信支付、手机银行”等线上 App，极大拓展了普通人的金融参与程度，“扫码支付”甚至取代“现金支付、刷卡支付”成为普及性最高的大众支付方式。

对于大学生来说，他们往往对提前消费的风险意识不强，不少学生会提前消费，从而欠下网贷。与此同时，具有巨大安全隐患的各种非正规金融产品也是层出不穷，极大地增加了大学生面临的财产安全隐患。

近年来，大学生的网络财产安全也成为国家和社会广泛关注的热议的话题。一方面，国家、社会和学校分别从法律、教育等层面加强了对大学生网络财产安全问题的思虑与考量；另一方面，当代大学生也应该树立正确的思维观念、价值理念、消费观念，提升自己的辨别能力和网络财产安全意识，安全使用网络金融产品。

另外，除了网络金融方面，大学生的一些网络行为也会造成自己的上网设备受损，引发自我财产损失，甚至造成学校公共网络设备受损。比如，常见的木马攻击，设备端执行下载任务时可能因为使用不安全或者转向下载链接等，使得电脑被木马侵入控制。例如，在实际访谈中，大学生反映因为下载软件、文件，点阅不明链接等导致电脑中病毒的事件多有发生。而高校实验室、数据设备被木马侵入后敲诈勒索（否则销毁文件或数据），甚至能够直接通过超负荷运行、修改底层代码等直接对设备展开物理攻击。

笔者研究认为，大学生网络财产安全意识的缺乏，主要有以下几点因素。第一，大学生缺乏社会经验。大学生活往往是学生第一次离开家庭、进入社会生活的开始，具有不确定性和不成熟性，使得不法分子有机可乘。而大学生的法律意识相对薄弱，面临网络财产以及合法权益受到侵害时，也难以拿起法律武器保护自己的财产安全与合法权益。第二，高校的网络财产安全教育缺乏针对性。“平安校园”建设不够全方位和立体，缺少相应的网络财产安全教育。第三，相关的社会法律保障不够健全。后两点前文已有分析，在此不多做赘述。

落实高校学生的个人网络财产安全，从根本上来说，需要学生在

“自我”层次上提升。正确、合理的消费观是学生维持自身财产安全的基础，只有拒绝过度的超前消费、警惕不良贷款骗局，在理性而合理的消费观念指引下，安排好自己的日常消费和生活，不让自己陷入资金困境。同时，学生也需要适当加强对金融知识的学习，但又要量力而行，不可“自作聪明”而肆意投身所谓的金融活动，一些诈骗分子往往利用高校学生想要尽快“经济独立”的心理招摇撞骗。“合理管控”是规划自己的网络财产的底线。一旦不幸遭受了财产损失，也要学会用法律的武器捍卫自己网络财产合法权益。

防电信诈骗，保护自己的财产安全核心在于学生“提高防范意识”，除了积极参加学校组织的安全教育活动、课程等外，还需要自己主动去了解和掌握防范知识。网络财产损失往往来源于日常生活，“不贪图小便宜，不要轻信花言巧语，不要超越自身金融承受能力”，以免上当受骗。学生提升自身的网络财产安全防范意识，要从点滴的小事入手，理性消费，远离校园贷，警惕陌生人的借钱、付款套路，不要浏览和应用不正规的金融平台。

二、影响大学生网络安全意识的因素

网络已经成为大学生日常生活和学习的重要组成部分，覆盖到其信息获取、知识学习、休闲娱乐等多种虚实融合的应用行为。和人们其他社会行为相似，大学生网络行为的指导——网络安全意识，也是内外因素综合作用的结果。

从外部因素来看，影响大学生网络安全意识的因素大到社会经济、小到家庭环境，这些因素和大学生自身融合发挥作用。比如，社会经济发展从根本上决定着网络生态，宏观层次上影响着网络安全意识的基本认知和构成。而网络因素是网络的热点事件、周遭行为对大学生意识的反馈作用，某种程度上说是直接或者间接的“网络实践”传达来的可供借鉴的经验。家庭因素和学校因素则更侧重“教育”本身对大学生网络安全意识的影响，更侧重系统性。

影响大学生网络安全意识的内部因素主要是心理因素，如网络沉迷、网络依赖、网络孤独等。外部因素则包括教育环境、社会环境、科技环境、媒体环境等。只有通过全面地掌握这些因素，才能更好地促进大学生的网络安全意识提升，保护他们的个人信息安全，确保他们在网络世界中健康快乐地学习和生活。

（一）外部因素

大学生的网络生活日益丰富多彩，与此同时也潜在许多安全风险，一些网络安全问题也已经成为亟待解决的现实问题，并对大学生的身心、财产等造成了严重危害。面对这些问题，我们需要探究导致其出现的原因，然后才能有针对性地构建网络安全体系。如果我们要全局性把握高校网络安全问题，就必须针对性地剖析外部因素对大学生网络安全意识的影响。

1. 社会经济因素

改革开放以来，我国社会主义市场经济在数十年间迅速发展，如今我国已经是全球第二大经济体，经济的市场化程度和商业繁荣程度也非常高，网络经济也得益于社会经济发展大潮蓬勃发展，网络生活成为人们生活的重要组成部分。但是，网络经济的趋利性自然引发了许多网络安全问题，如网络诈骗、网络赌博等；网络生活的无序性则加剧了社会生活的不良问题，如网络消费成瘾、网络暴力等，进而引发了各类网络安全问题。据 2022 年《中国网民权益保护调查报告》显示，2021 年有 37% 的网民因各类诈骗信息而遭受经济损失，84% 的网民受到个人信息泄露带来的不良影响。而早在 2015 年，中国网民权益保护论坛的报告就指出从 2015 年下半年到 2016 年上半年，我国网民因垃圾信息、诈骗信息、个人信息泄露等遭受的经济损失高达 915 亿元。

在市场经济发展的状况下，人们面对物质和利益的诱惑时，一些人采取不正当的手段来攫取不当利益，从而造成全社会的财富损失和经济秩序的混乱。盗取个人信息往往这些人获取不当利益的手法之一。

而伴随着经济的发展，对公民的整体素质也产生了多重的影响。从整体范围而言，公民素质可以分为文化素质、身体素质、思想道德素质等。显而易见，公民的身体素质伴随着经济的发展显著提升；公民的文化素质也随着经济条件的改善和各层教育的普及，得到了大幅度提升。但是，社会经济的发展给公民的思想道德素质带来了双重的影响。就整个宏观社会系统来说，有很大一部分公民、组织，为了私利，不惜牺牲他人的人身、财产和生命的安全；就微观社会系统来说，更加严厉地考验了公民的素质，显示出其两面性[①]。公民素质的不良方面也使得网络安全面临许多不稳定的因素。

与此同时，现阶段市场监管尤其网络市场监管还不完善，也变相助长了网络违法行为的发生，网络安全问题也从经济领域扩展到社会生活

---

① 佟晓铭，朱润明 . 浅析不同社会经济发展水平影响下的个人信息保护 [J]. 学理论，2011（31）：133-136.

的其他方面。

2. 家庭因素

在进入高校之前，大学生的生活经验和社会经验大部分来自家庭。家庭成员的遭遇和见闻，可以成为大学生认知网络和社会风险的案例来源，而家庭成员尤其父母的教育可以丰富大学生的风险知识和意识。如果家庭成员的网络风险的认知度较高，就能够通过家庭教育来提升学生自我的网络保护意识；但是如果父母对网络风险本身没有足够的认知，也就不足以教育大学生提高网络安全意识。

例如，在现实中，一些父母有“贪便宜”的心理，轻信各种不明平台或者链接中的内容（如免费领取产品），毫无防备地输入自己的个人信息，甚至“拉孩子人头”，导致个人信息泄露。如购物时，一些父母为了领到“优惠券”或“小礼品”，不仅自己填写了个人信息，也会让孩子一起填写。父母自身就没有对保护个人信息有足够的认知，还将孩子“拉下水”。即使孩子对这些事情有所警惕，但出于父母的安排或者对父母的尊重，只好顺从地填写个人信息，自然增加了个人信息泄露和上当受骗的风险。

高校学生家长作为上一代群体，与网络的接触较晚、较少，对网络安全的认识十分有限，往往只能基于以往的社会经验做到偶尔提醒，诸如——“不要轻信网友、注意网络诈骗”等泛泛之语，难以做到具体的指导。即使父母对网络熟知，大学生进入学校后，往往在异地上学，家长对孩子难以做到日常监督和关注，对学生的网络安全教育也鞭长莫及。

但家庭毕竟是学生成长的第一环境，家庭对学生的成长和安全教育依然十分重要。家庭对学生有强大的影响力，学生对家庭也具有认同性。

父母的言传身教对学生树立正确的消费观和安全观至关重要。家庭还是高校与大学生之间沟通的枢纽，学生的安全需要学校和家长共同关注，实时了解大学生近况，在关键时刻消除学生面临的网络安全威胁。

3. 学校因素

前文已经对学校网络安全教育问题有过阐述。无论是高校开设的网络安全教育课程，还是高校开展的网络安全教育相关宣传活动，其所传输的网络安全内容，对学生网络安全意识的形成都有着重要的作用。据笔者观察，现阶段大学生接触最为直接的内容往往是辅导员在日常管理群发布的一系列网络风险提示，例如，在频繁的宣传下，学生增强了对电信诈骗和校园网贷的了解，各种高校网络安全案件现在已有所减少。但是其他的一些宣传手段，尤其课堂教材方面（枯燥无味）、安全教育讲座方面（流于形式）还多有不足，其所涵盖的安全教育内容很难引起学生关注。在高校中，计算机相关专业的大学生在理解网络安全风险上，有专业知识的支持，了解网络行为风险原理，但是非相关专业的学生往往没有这些支持，在侥幸、虚荣等心理作用下，容易受到网络陷阱的危害。

一般来说，高校越能强调和重视网络安全问题的危害，越能够提升高校学生在这些风险领域的认知和辨别能力。高校依然需要全方位建设网络安全体系，在网络安全领域将“学”与“干”结合，使大学生理性辩证分析和认知网络安全隐患。

4. 网络因素

网络是各种网络安全问题的发生场所，本处主要论述网络传播方面对高校学生网络安全意识的作用。

网络传播对提升高校学生网络安全意识主要集中在三个方面：网络应用平台警示、网络舆论教育、网络群体案例宣传。现如今，各种正规网络应用平台尤其官方平台，在自身安全系统建设和维护上日益完善，并提供了丰富而全面的安全提醒服务，大大降低了正规平台的网络安全风险。

网络舆论事件，尤其热点事件对网络相关风险知识的传播，直观而有说服力地展现了网络行为可能存在的各种风险。对于大学生网络安全意识的提升，主要体现在网络传播中的真实案例，尤其那些真实的、有着大量关注度的网络案例，最能触动学生内心，也会提高其对相关风险的重视程度和安全意识。“在微博上看到过、新闻里报道过、文章中了解过……”高校学生诸如此类的“阅读行为”，尤其网络舆论对一些典型案例的追踪传播和深入解读，能够加深学生对网络风险的认知。

在高校学生的生活中，除了身边的同学、老师，网络群体是其接触最广泛的群体。大学生所经常接触的网络群体往往是同龄人，具有更多的共同话语。同龄群体中，一些网络事件传播也更顺畅，学生很容易受同龄群体潜移默化的影响，学习到网络风险知识和了解到许多网络风险经历。然而这种潜移默化的影响也是双向的，比如，对于网络风险存在侥幸心理的影响也是潜移默化的，对网络风险的认知程度影响也是潜移默化的。例如，近年来出现的“网约车”案例，乘坐网约车出现风险的概率是比较低的，但是依然需要加强防范，但这种防范心理的高低往往与身边有没有出现或者听说过相关案例密切相关。网络群体尤其是熟悉的同龄人之间，要互相学习、互相影响、互相激励，共同提升网络安全意识。

（二）内部因素

在互联网时代，新时代大学生能够随时随地通过网络来进行学习和交流，并丰富自己的生活。但在网络的虚拟环境中存在着大量风险，不仅对大学校园的网络安全问题提出了巨大挑战，同时也对学生自身的网络安全防范意识提出了更高的要求。大学生网络安全意识的内在影响因素也很多，进而许多大学生直接或者间接地遇到许多网络风险经历。分析大学生网络安全意识的内在影响因素，有助于提升大学生的网络安全自我认知能力，并且采取对自身来说最直观的保护措施。

1. 大学生心理尚未成熟

当前的许多大学生入学时刚刚成年，缺乏社会经验和社会经历，其内心状态实际上仍未完全成熟，有很强的从众心理，判断是非之时缺乏明确的理性，对于陌生人的接近和话语缺乏必要的警惕性，在这种心智不够成熟的情况下，个体容易受到外界强烈的影响，进而被某些不良分子所利用。

大学生的世界观、人生观和价值观仍处于形成阶段，尚不够成熟，对于道德的判断、社会事件和新事物的分析缺乏足够的理性经验，在从众、自以为是等多种心理的共同作用下，在那些不法分子（诈骗钱财、偷窃信息等）以一种“包装”面目出现时，大学生很多时候也无法通过实践或者自身固有经验来做出正确的判断，进而采取恰当和有弹性的手段来处置。

尤为重要的是，许多大学生将生理的成熟等同于自身心智的成熟，“青春期叛逆”导致的盲目自信，使其在面对问题之时，尤其从未遇到的新问题时，更容易产生一种盲从信服或者自以为是的心理。如此一来，大学生在现实生活当中，很难理智地看待现实网络安全经历，对舆论网络热点，也难以吸取足够的经验认知。

2. 大学生自我保护意识薄弱

新媒体时代下，各种新媒体技术与拥有大量用户的平台结合，搭建起丰富而立体的信息内容获取渠道。在这种结合中，一方面为大学生提供了更加便捷的信息内容交流沟通场域；另一方面，一旦大学生自我保护意识不强，在某种程度上，其上网行为会呈现出“信息裸奔”的特点。大学生在使用网络时自我保护意识薄弱大多是由于高校网络安全教育的缺失。长期以来，高校教育以文化教育为主，对于学生的生活教育和安全教育不足，教育手段和内容也较为陈旧，没有发挥出其应有的作用。然而，当今网络环境却是日益复杂，学生的网络活动多是自发的，具有强烈的不稳定性和无序性，一旦缺乏科学的网络应用指导，学生自然对网络安全的相关问题缺乏必要的认识，因此出现自我保护意识薄弱和滞后的情况。

以大学生最常用的智能手机为例，智能手机已经成为大学生生活中最主要的工具之一。手机中安装有各种功能的应用软件，许多软件会读取用户相机、位置、通话记录、短信等各种隐私信息，一般情况下，为了更全面地应用软件的功能，学生往往默认授权软件的这种获取权限，这种自我保护意识薄弱的表现，无疑使得个人隐私信息的泄露产生极大的风险。

3. 大学生的侥幸心理和持续防护意识不足

侥幸心理是大学生社会经历不足的情况下，经常拥有的心理状态。

一些学生在清楚自己行为可能存在风险的情况下，在清楚风险可能带来后果的情况下，依然将高风险的行为付诸实际，潜意识里认为坏的结果不会发生在自己身上，或者认为凭借自己的“聪明才智”也不会有严重后果。

比如，在朋友圈、微博等社交平台上，过多发布个人信息显然有被别有用心的人盗取和利用的风险，这点是显而易见的，大学生的心智也显然很清楚知道这种被“盯梢盗取”的风险，甚至还听说过诸如此类情况导致的恶劣案例，但还是侥幸地认为“我的朋友圈都是好人”，或者“我只是个普通人，骗子不会盯上我”等。

对于最直接的个人信息（电话、地址、银行账号等），大学生对这些信息的保护，往往有一定的认识，但是总有一些学生侥幸地有“电话号码泄露最多接几个骚扰电话和短信罢了”这样的想法，对于保护个人信息不以为意。学生的这种心理严重干扰了其面对网络风险的自我保护意识。

侥幸心理自然也会阻碍“持续防范意识”的形成，使得学生潜意识里自我保护机制不够完善。许多学生对网络危害的警惕往往缺乏持续性，难以持续聚焦，一次侥幸心理就可能给不法分子提供机会，所以大学生在使用网络时，提高持续防范意识是很有必要的。

4. 大学生法律知识匮乏

网络具有虚拟、共享、自由、开放等难以监管的特点，虽然为用户提供了更大的自由上网空间，但也限制了网络安全保障实践的有效性。在当前的互联网时代，有的学生甚至认为虚拟的环境不受法律限制，并坚持网络的发展应该在无约束的环境下自由发展[①]。一些大学生在西方“泛自由主义”的影响下，甚至认为网络安全法律是对他们上网的约束，进而执着于“翻墙”和“猎奇”，而忽视法律对他们权益的保护。

互联网的发展日新月异，纷杂的思想影响着学生的精神生活和价值观念。作为思想活跃的群体，学生对新鲜事物接受能力和接收愿望都比较强，在好奇心的驱使下，往往罔顾法律的保护，也罔顾法律和道德的底线。学生在缺乏法律知识的情况下，经常扮演着“伤害者”和“被伤害者”的双重角色，一方面由于自身缺乏法律意识，在人身安全和财产受到侵犯时不懂得用法律的武器维护自身的合法权益；另一方面又有意无意地充当“键盘侠”甚至犯罪分子的帮凶去侵犯别人隐私、实施网络暴力等行为，甚至触犯法律。

① 晏子璇．法学视角分析网络法律问题 [J]. 科学大众（科学教育），2019（6）：139-140.

第三章　大学生网络道德失范的表现及影响因素

一、大学生网络道德失范的表现

网络道德是现实道德在网络空间的延伸，现实中的道德失范行为也会同步反映到网络社会中，在某种程度上说，由于网络的虚拟性和开放性等特征，网络道德失范相比现实社会生活中的道德失范更不易控制，对网络安全空间造成了复杂的不良影响。

大学生在网络空间遇到或者自身也容易发生的网络道德失范行为包括网络言行失范、网络社交道德失范、网络学术道德失范等。网络道德带有一定的社会约定俗成性，是主体参与网络行为的道德共识，对于规范网络主体的行为有很大的道德制约和行为指导作用，对于构建网络安全环境也有着重要的意义。当前，网络道德失范滋生，大学生作为网络中重要的参与者，由于其情感、认识、信念等层面因素，既容易成为网络道德失范行为的受害者，也容易在主动或不经意间成为网络道德失范行为的实施者。厘清大学生的网络道德失范行为，对于分析大学生的网络行为心理起着基础作用，也是有效治理大学生网络道德失范的起点。

（一）大学生网络言行道德失范

一个人的道德水平和自身行为之间呈现出里表关系，故而大学生的网络道德失范首先表现在言行方面。在虚拟网络社会中，有些学生缺乏自控能力，缺乏法律知识和道德感，在“虚拟空间”放任自己，言语偏激，攻击他人或者发泄个人负面情绪；有的学生缺乏思考、盲目跟风，盲目转发网络垃圾信息；有些学生出于猎奇，浏览甚至传播色情暴力等信息；有的学生则沉溺于各种网络游戏，荒废学业，浪费大好青春；有的学生甚至进行网络赌博；等等。

1. 网络言语狂欢

网络中随意且无度的言行，挑战着网络道德底线，甚至滑向违法犯罪的边缘，忽视网络社会的法律法规。“网络狂欢”首先在于“言语狂欢”，热点社会事件成为大家阐述自我观点、表达自我立场的超级舆论场，但是一旦动机偏差或者对事实真相缺乏耐性，往往会导致部分网民肆意发泄情绪和言语攻击。言语道德失范在此表现的比较明显，比如，恶俗的言语评论、攻击，传播假消息混淆视听，曲解社会主流价值观等，甚至还成为“人肉搜索”的参与者，窥探他人隐私，对他人进行无底线的人身攻击。对于时事热点、焦点事件，一些网民缺乏理性态度，围观吃瓜起哄闹事、发帖灌水推波助澜，造成了网络生态的混乱。

言语狂欢的另一个表现是网络低俗、庸俗现象的传播。低俗、媚俗的“调侃、狂欢”言论，大肆宣扬“不劳而获、拜金无罪”等庸俗的信息，会消磨青少年的奋斗意识，一些大学生的价值取向也受此影响出现偏差。一些网站游走于法律边缘，故意抛出一些有争议性的话题“引战”，这些庸俗、低俗的信息故意引导网民世界观的对立，对社会主流思潮造成了负面影响，也造成了网络秩序的混乱。

据东北林业大学的李国庆调查，大学生“在微博或微信等新媒体上，有过激或粗俗的语言行为情况”时，有 25.74% 的大学生表示“经常有”；41.49% 大学生选择“很少有”；仅有 32.22% 的被调查者“没有过激或粗俗的语言行为”情况。①

调查结果明确显示出大学生网络语言的暴力化倾向。尤其当面临网络争议热点事件时，缺乏调查和思考，往往导致大学生网络语言出现过激、粗俗、扭曲等行为情况。

2. 传播不良或垃圾信息

互联网的虚拟空间使得信息的传播成本大为降低，网络中的信息资源呈爆炸式增长，网络信息爆炸式增长必然伴随着垃圾信息和不良信息的泛滥，良莠不齐的各路信息使得各种非道德内容肆意传播。

首先，大量垃圾信息充斥着人们的视野，大学生群体也深受其害，同时出于娱乐、消费、游戏等目的，大学生往往又成为这些垃圾信息的“传播手”。许多网络平台为了增加用户接触度和宣传度，通过各种手段来引导（一般通过某种利益获得）甚至强迫（一般是通过某种功能获得）用户去关注、点赞、评论、下载等，此过程产生了大量垃圾信息。下载 App“送现金”，集赞送礼品、拼单“砍一刀”等内容充斥网络，令人深

① 李国庆 . 大学生网络道德失范及其教育引导研究 [D]. 哈尔滨：东北林业大学，2021.

受其扰。

其次，大学生传播有害性、欺骗性、误导性等不良信息，相较前者，其言行道德失范的危害性更为严重。其中，最典型的就是传播未加证实的社会或个人谣言。“造谣者”编织的信息往往具有很大的迷惑性，通过拼接真假内容、捕捉人们“痛点”、利用人们的同情心和同理心来唤起人们的共鸣。大学生社会经验欠缺，从众心理较强，在谣言面前更容易被诱导。一系列有关社会事件、自然灾害、突发事件等的谣言层出不穷，大为传播。在新型冠状病毒感染疫情期间，有关治疗方法、政策安排等的谣言近乎没有停止过，甚至直接导致了哄抬某些特定抗感冒药、口罩等抗疫物资价格的非理性行为。

这些不良信息的蛊惑性很强，大量传播会冲击公共媒体和官方舆论的公信力，甚至可能引发比较严重社会问题，比如，2022年“‘6·10’唐山烧烤店打人事件”，事件爆发后几天，网上就流传开受害女子被打死的谣言，造成社会的恐慌和对政府、警方等的不信任。大学生无论是浏览还是传播垃圾和不良信息，一方面污染和破坏了网络信息环境；另一方面也影响着网络道德水平和理性判断力。

3. 沉迷暴力信息

个别大学生由于家庭环境、特殊经历、阅读见闻等的影响，出现了一些心理健康问题，对“暴力”“血腥”有一种嗜好，也导致其浏览或者传播暴力信息，甚至做出实际行动。比如，2020年某校大学学生虐猫事件中，用鞭打、电击、开水烫等各种残忍手段虐猫，并拍成视频在网上兜售，当事人在受到学校“退学”处罚后，依然拒不悔改，极大地挑战了网络言行道德的底线。与此同时，一些网站为了牟取暴利、获取流量，在网上兜售涉嫌暴力的图片或者视频，不仅影响了网络道德，也违反了法律。

4. 沉迷网络色情

大学生处于青春成熟期，性意识较为旺盛，而且喜欢猎奇新事物。网络色情不仅影响着大学生身心健康，浪费了大学生宝贵的学习时间，也损害了社会风气。网络色情的传播往往具有隐蔽性和迅速性并存的特点，互联网为其传播提供了更快捷的通道，也引发了新型道德问题。

在大学生群体中，流传较广的网络色情内容有色情图像、淫秽影音等，还有一些“软色情”，如比较裸露的网络直播，虚拟游戏等。随着智能手机的普及，大学生沉迷色情的现象有所增加，并有意无意地充当起“传播者”的角色。在这个过程中，大学生最初的道德失范一般是自娱自乐，但是一旦上升到传播层次，自律性差的一部分大学生将这些内容置于网络或者现实语境，言行道德失范甚至违法犯罪问题就凸显出来了。

5. 沉迷网络赌博

在我国，从法律角度看，组织网络博彩行为是违法的，参与网络博彩行为也是网络言行道德失范和违法行为。一些虚拟博彩平台为了快速牟利，将魔爪伸向涉世未深的大学生，“赌球、赌马、百家乐、大轮盘、老虎机、捕鱼”等是其常见的赌博手段。这些平台通过小恩小惠吸引大学生进入，之后暗箱操作吞噬大学生赌资。由于赌博平台设在境外，呈现国际化、数量大、种类多的特点，而大学生参与网络赌博也多是个人隐蔽行为，赌资隐蔽、赌资转移迅速，法律干预难以实现。大学生陷入网络虚拟博彩的悲剧也屡屡见诸报端。

（二）大学生网络社交道德失范

大学生的生活和社交相对封闭，网络社交成为其主流的社交方式。但是大学生在网络上社交行为的不规范、不道德现象也屡见不鲜。大学生作为网络社交的个体，存在诸如传播他人隐私、伪造信息、言语霸凌和暴力攻击他人等问题。这些行为不仅违反了网络社交的规则与准则，更严重地威胁到了大学生道德观念的建构以及社会生活的健康发展，带来了社会不良影响。

1. 谣言传播和泄露个人隐私

传播谣言和他人隐私是大学生网络社交常见的行为，和大学生网络言行道德失范交织在一起。“聊天”和“吃瓜”语境下，人们的猎奇心理导致活跃的言语窥探，流传“谣言”和他人“隐私”往往成为社交中热门的话题。

谣言从出现的时刻就具有未经证实或难以证实的特征，在话题语境中，赋予了人们诸多讨论的可能，在讨论的过程中，还会二次生成具有恶意或误导性的信息，并通过社交网络、公共网络迅速传播。在网络社交中，一些大学生不负责任甚至别有用心地转发谣言，成为谣言的接受者、制造者和传播者，传播对社会的不良认知和错误的价值观，成为网络社交失范的主要表现之一。

“×××怎么了”类似的社交语境中，刺探和传播他人隐私也是网络社交道德失范的重要表现。大学生的生活学习相对简单，对他人隐私的关注热情往往相对较高，来填充相对简单的生活日常，这种行为容易侵犯他人的隐私权，甚至对他人的生活造成不良影响。

2. 网络语言欺凌和暴力

网络的匿名性和虚拟性特征，导致一些人在网络社交中丧失了基本的言语道德。天南地北的人聚集在庞大的社交网络中，难免会出现各种误会和意见分歧。一些大学生自恃对方无法得知自己的真实身份的心态，在网络社交中，运用恶搞、侮辱、威胁、恐吓等方式对他人进行攻击和情感伤害；出言不逊、出口成脏，恶意揭露或诽谤、攻击他人，给受害人带来巨大的心理伤害。据李玲玉的调查中发现，有28.31%的学生在对待网络粗暴、恶搞语言的态度是“网络是自由的，说什么都可以”；有14.34%的学生选择的是“会经常使用网络恶搞的语言”[①]。这一比例说明许多大学生对于网络语言欺凌和暴力问题缺乏基本的判断力和自控力。

大学生心理不够成熟和个人情绪的不稳定，易让其产生网络攻击心理；而网络的匿名性，也让一些大学生缺乏道德敬畏意识和法律意识，对网络言语攻击的后果缺乏足够的思考和责任心。一些大学生用匿名账号和虚假身份进行网络欺凌，甚至导致了悲剧性的后果，青少年的网络暴力已经成为受社会广泛关注的问题。

3. 网络社交诈骗

在绝大多数情况下，大学生是网络社交诈骗的受害者。一些诈骗者会通过捐款、招聘等信息来骗取大学生的钱财，还有一些不法分子打起网络社交、恋爱的主意，通过微信、QQ等常见社交软件，或者是一些真假难辨的恋爱社交软件，骗取大学生的信任，进而骗取大学生的钱财。

互联网社交平台赋予了大学生广阔的社交选择，正常的网络社交也

① 李玲玉．大学生网络道德失范问题研究[D]. 北京：中国地质大学，2015：19.

无可厚非。但是，繁杂的社交平台，如国内的微信、QQ、微博；国外的Twitter（推特）、Facebook（脸书）等，常常导致大学生沉迷其中，并成为网络社交诈骗的受害者。值得注意的是，近来甚至出现了大学生成为网络社交诈骗的参与者的情况，如“大学生买彩票欠20多万元注册新微信骗钱还债骗得13万”事件[①]。大学生之间互相欺骗，在网络社交诈骗的泥潭中越陷越深，从道德问题上升到违法犯罪问题。

4. 网络社交直播

近年来，随着抖音、快手、哔哩哔哩等直播平台的成熟，“全民直播”的态势愈演愈烈。大学生沉溺网络直播交往和道德失范问题也愈加严重。直播平台的互动交流功能，对大学生来说有其积极意义，大学生可以利用其在线学习知识，对于一些直接参与直播的大学生来说，也是锻炼其表演、语言表达等能力的重要途径，对其更快速地融入社会也有很大帮助。但是在线直播平台和其衍生品“短视频”的不断发展，整个网络直播生态呈现出良莠不齐、鱼龙混杂的局面，更不乏大量道德失范的问题。

整体而言，对大学生影响最大的是“个人在线直播”，其门槛低、形式自由，成为大学生主要接触的类型。但是有的直播内容低俗，输出软色情、低质量内容，一些大学生对某些“网红”极度痴迷，引发了一系列道德问题和财产损失。另外一些主播为了“吸粉”，故意挑逗、卖萌，甚至裸露肉体，让观看直播的大学生沉迷其中甚至疯狂“打赏”，对大学生的身心造成不良影响。

---

① 李庆．大学生买彩票欠20多万元注册新微信骗钱还债骗得13万[EB/OL].（2018-10-19）[2023-05-01].http：//hb.ifeng.com/a/20181019/6957801_0.shtml.

大学生纷纷投入“直播大军”，也传播一定的负面价值观，弱化了其网络道德意识。大学生投身到网络直播，一方面，可能要面临观看直播的各类社会人员的骚扰；另一方面，效仿网红的“低俗或软色情”有可能对自身造成伤害，并破坏公序良俗，引发一系列道德问题。“直播走红赚快钱”的思想也冲击着大学生的主流价值观，丧失对“勤劳致富”的信念，转而充满投机心理，也容易产生“拜金”“拜颜”“媚俗”等不良道德观念。

（三）大学生网络学术道德失范

大学生作为学习和科研的主要群体之一，与学术的接触非常广泛，不断输出自己的学术成果也是大学生学习和科研的必然要求。大学生课程多，特别是理工类、文艺类专业的大学生，要么频繁实验，要么需要大量文献研究，较重的学业严厉导致一些学生在学术问题上，出现抄袭、盗用等非学术规范的行为。

网络学术道德失范，是大学生网络道德失范中比较特殊的部分，也是区别于一般网络道德失范的特殊部分。大学教育“严进宽出”的现状，也助长了一些大学生在学术研究上的不端态度，学术研究认真、严谨的基本态度缺失，进而产生了一系列学术道德失范问题。

1. 侵犯别人的知识产权

这种问题主要出现在对他人的知识作品的获得和使用上。一些大学生知识产权意识淡薄，对自己的侵权行径大多不以为然，甚至根本没有意识到其中的问题，如常见的使用盗版书籍，通过不正当或未授权途径获得学术资料，未经授权传播甚至贩卖他人学术研究成果和资料等。

知识产权成果是人们通过脑力创造，创作者依法享有的专有权利。一些大学生在利己主义的驱使下，或者打着“便利”的幌子，盗用他人的劳动成果。在互联网环境中，大学生侵犯他人知识产权的现象有泛化的趋势，甚至到了违法犯罪的边缘。

此外，随着互联网发展，“数字知识产权”的范围也大为拓展，但是却常引不起人们的重视，比如，无视“未经授权不得转载”的作者声明，下载别人的网络文章、图片等再重新以自己名义上传。一些大学生随意转载网络文章、资料和信息，都有可能侵犯到他人的知识产权。网络为广大参与者提供了前所未有的广阔表达空间，虽然各种信息内容鱼龙混杂，但也不乏许多令大学生感兴趣的优秀内容，肆意转载、下载等行为很容易侵犯他人知识产权。类似行为还助长了大学生的偷懒心理，消磨了其创新思维和意识，不利于大学生学术水平的提升。

2. 学术剽窃

这种问题主要针对大学生学术创作时，对他人成果的借鉴上。学术剽窃是最常见的学术不端行为。网络学术道德失范主要表现在大学生通过在互联网上剽窃、抄袭、篡改等手段，盗用别人学术成果和实验数据等的现象。由于网络的便捷性、透明性、畅通性，通过网络能够十分方便地获得大量学术资源，如国内常见的学术资料平台就有中国知网、万方网和维普网等。

一些大学生借用网络的便利条件，将从网络上下载或复制的他人学术成果，拼接、改写成“自己”的论文，虽然稿件经过一定的改写，有可能通过查重，但其核心内容与主要观点会与所抄袭的学术成果基本一致，造成学术成果同质化。

学术剽窃等学术不端行为不仅会限制大学生取得学术进步，还会阻碍他们自主学术研究能力的发展，并引申出大学生网络诚信问题。

3. 学术同质化

学术同质化是学术剽窃的必然结果，当然，引发学术同质化的因素十分复杂，学术剽窃只是其一。比如，在不同类型高校中，基础研究、应用研究等学科设置的趋同必然导致学术研究的趋同化。

在现行高校考评标准中，学术“量化”倾向明显，考评指标经常过分依赖发表了多少篇论文、获得了多少项专利等“定量指标”，而不是针对学术成果质量的“定质指标”，在考评的“硬指标”下，势必催生大量“注水”的低质量学术产品。在这种情况下，高水平大学与地方院校也呈现出研究的同质化关系，而不是分层次、分重点的区别研究关系，在同质化面前“你抄我，我抄你”，自然会引发一些学术道德问题。

据尉利工研究，网络环境下研究生学术道德失范主要表现为科研成果产出快捷化、学术抄袭隐秘化、学术成果同质化等方面[①]。可与笔者的论述相互佐证。网络学术道德失范已经引发了一系列问题，比如，损害高校声誉、滋生学术泡沫、降低学术研究能力、败坏社会风气等。

学术道德失范还会引发一系列的现实冲突，比如，一些大学生通过学术剽窃的“捷径”，获得了大量所谓的“荣誉”，占据了大量的学术研究资源或资金、奖金，获得了更高的学术地位和现实职位等，刺激了其他人不愿意脚踏实地开展学术研究。

如今，我国每年公开发表学术论文的数量在全世界位居第一，但高质量论文欠缺，数量和质量的倒挂已经引起学界广泛诟病。研究的泛化、

---

① 尉利工 . 网络环境下研究生学术道德失范问题研究 [J]. 山东高等教育，2014，2（9）：26-32.

肤浅化，也导致难以出现具有世界影响力的重大科研成果。大量低质量学术成果的存在，背后不仅是网络道德学术失范问题，更严重的是，伤害了我国的高校教育和科研事业。

二、大学生网络道德失范的特征及危害性

网络道德失范行为和网络空间场域密切相关，网络空间场域的特征、现状也决定着网络道德失范行为的特征。网络道德失范行为的主客体关系和现实中道德失范的主客体关系差异巨大，网络中的道德失范主客体往往并没有实际的利益关系和人际关系，这也使得网络道德失范的失控倾向增加、管理难度增加。更重要的是，网络的开放性、超时空性、隐匿性、多样性等复杂特征，在传媒属性上也作用于网络行为之上，使得网络道德失范行为监管面临着整个网络体系监管一样的系统性难题。当社会热点事件出现时，网络道德失范行为在这些网络传播属性作用下迅速聚集，加大了其危害性。

网络道德失范行为会影响网络参与者的网络道德水平，良好的网络道德能够约束网民在网络空间的行为。网络不是“法外之地”，也不是“道德外之地”，网络空间需要紧守法律底线，也需要紧守道德底线。如果长期身处网络道德失范行为充斥的环境，大学生自身的道德水准也会受到不良影响，出现价值观导向偏差、逃避现实、责任感弱化、道德和法律意识淡化等情况，这也是建构高校网络安全意识体系所亟待解决的问题。只有提升大学生的网络道德水平，才能让其“内秀于心，外化于行”，既能在网络中抵制网络道德失范行为的危害，又能自觉约束自己的行为，自觉维护网络安定的环境。

（一）大学生网络道德失范的特征

大学生网络道德失范已经成为社会热点问题，大学生网络道德失范中的很多问题并不是孤立存在的，其和一般的道德失范相比也有区别，分析其内在的特征，有助于进一步探究大学生网络道德问题的成因。总体而言，大学生网络道德失范是与“网络场域”紧紧联系在一起的，因此其特征也是基于网络传播特征的延伸。

1. 网络道德失范的开放性和超时空性

随着互联网科学技术的应用与发展，现代化的信息网络使得世界各地的“时空隔离”淡化，网络的开放性和超时空性，使得不同的思想观念、意识行为在全世界网络上传播、碰撞。在此基础上，网络道德失范现象随之呈现出开放性和超时空性。网络世界中，各种不同文化形态、价值观念和道德标准共存，不同的人挂着不同的脸谱。那些与我国传统道德、社会主义核心价值观、法律法规等相冲突的道德观念与思想意识，尤其西方泛自由主义与“拜金主义、享乐主义、极端个人主义”不断侵蚀着大学生的观念，致使大学生思想的混乱，甚至内化成其行为。

信息传播跨越时间、空间场域的限制，网络道德失范行为也借助快捷的传播方式在瞬时、广域产生极大的社会影响，并形成双向互动性，反馈到大学生自身的认知和行为上。网络道德失范行为的最主要的开放、超时空形式表现是网络道德失范主体的“非直接在场”。而这种开放性和超时空性很大程度上放大了道德失范行为的社会影响力，不仅影响着社会公共话语生态，还在潜移默化中腐化人的思想，对社会主义核心价值观造成冲击。

2. 网络道德失范的虚拟性和隐匿性

网络失范行为虽然是在网络环境中进行的，但失范主体和受影响的客体都是现实存在的。不过由于网络的虚拟性，使得网络道德失范行为的“实施空间”呈现出虚拟性和隐蔽性并存的双重特征。网络道德失范行为的约束性不足，导致人平常隐藏于内心深处的“阴暗面”更容易暴露和放大。在人们的本能欲望、激情判断等触动下，网络道德失范行为在虚拟空间呈现随意而难以预判的情况。

网络的虚拟性本质是文字、声音、图像等信息的数字化，在其作用下，虚拟社会空间甚至表现出与现实社会空间“分庭抗礼”的局面。在现实中社会生活相对简单的大学生，更容易去自由的虚拟交流空间释放自己的压力表达自己的想法，一旦其道德意志力薄弱、责任心不强，很可能就在网络上做出违背道德规范的事情。

虽然真实与虚假也并存于互联网，但是网络的隐蔽性，使得经常出现“真假难辨”的情况，一些大学生随心所欲地夸意志、尽情地发泄情绪，通过大量的虚构内容来逃避现实、逃避责任，甚至成为恶意欺骗他人的主体，由此引发道德行为的失范。比如，常用的网络社交软件，虽然实行系统实名制，但是社交主体往往并不能看到实名要素，微信、QQ 等社交软件中，用户多以“昵称”示人，参与网络社交活动，隐匿自己的真实情况更是普遍，甚至有不法分子自己编造“假形象”行骗。

网络的虚拟性和隐匿性也使得许多潜在的危险更容易出现，也为一些境外势力和不法分子破坏我国网络环境提供了可乘之机，他们“化装面目”后在网络上传播社会谣言、不良思想和扭曲价值观……这些行为有时不易被察觉，在隐蔽条件下对大学生进行渗透，引起大学生的社会主义信念动摇，进而冲击社会主义社会意识形态。

3. 网络道德失范的自主性和多样性

在现实社会中，由于普遍的“熟人效应”，社会习俗、道德舆论具有比较强的约束力，人们不会轻易做出不道德的行为。在网络环境中，网络的自主性使得这种机制显著下降。相对于现实社会而言，网络社会中不同主体之间的依赖性更弱、自主更强，来自他人的制约、干预减少，呈现出自我肆意释放的“自由”状态。

大学生发生网络道德失范时，往往会隐藏真实身份，在网络里有选择性地自主扮演各种不同角色，缺乏制约和束缚。网络的高度自由让一些大学生不假思索地表达、不计后果地做事，放纵自己的行为。

与网络“自主性”相伴随的就是网络的“多样性”。在现实生活中，人们的主体身份十分具象，但是在自主、虚拟的网络中，人们的主体身份可以虚拟多变，主体可以同时扮演不同的角色和身份，某种程度上说，网络上的“身份”摆脱了现实的束缚，变得符号化。如果说现实中大学生进行道德失范行为时还会顾及身份，在网络中这种顾虑就会大为减少。失范主体的身份多样而捉摸不透，甚至“男假装女，女假装男”行骗都会发生。这种身份的转换或角色再造赋予人多重的面具，这些面具叠合在一起就构成了一个完整的主体。网络道德失范的自主性和多样性，使得这些行为具有不确定性，变得异常复杂。

（二）大学生网络道德失范的自身影响

互联网的普及对当代大学生的影响不言而喻，其互动性、开放性为大学生提供了一个便利交流的平台。但网络在给大学生学习与生活提供便利的同时，许多学生因为忽视网络文明而产生了一些不良的思想意识与不道德的行为，这些可能会从多方面、多角度对大学生自身产生消极负面的影响，这种影响具体表现在以下几个方面。

1. 大学生价值观取向混乱

“意识决定行为，行为影响意识”，大学生的网络道德失范行为，是其道德意识和心理畸形发展的具体反映，大学生网络道德失范行为也会影响到其自身的思想观念和社会认知。由于失范行为难以追责，长此以往，容易使其产生精神麻木和道德冷漠感和颓废、缺乏诚信等病态心理，会影响大学生形成正确的世界观、人生观、价值观，造成大学生与社会的疏离，在社会中价值和规范准则意识淡薄，影响大学生道德人格的完善。

在网络环境中，社会个体的个性化、多样化特点更加突出，社会呈现多元价值标准并存的状况。社会主义核心价值观的支配性作用面临着众多冲击。一旦大学生被不良的思想和言论误导，就会把错误的道德观念和价值取向带到现实生活中，导致大学生在道德选择上陷入道德迷惘和价值取向紊乱。

2. 大学生人格的分离

在互联网的“自由时空”场域中，现实舆论和社会关系构成的社会约束很容易失去作用。互联网上很难对网民加以确认、监管，一些大学生隐匿或者伪装的不良人格显现出来。在网络虚拟环境中，大学生作为网络主体，可以隐匿或篡改自己的身份、年龄、性别等内容，以“另一个我”的面貌呈现于互联网世界中。在现实社会中，人们的意识与行为在受到社会舆论、道德观念等制约下，形成适应社会和周围环境的人格；而网络环境中交流与沟通的方式与现实社会存在巨大差异，网络主体虚拟或者隐匿的人格和稳定的社会性人格出现分离。某种程度上说，“人格是一个人长时间的行为所表现和形成的稳定的、整体的心理状态”[①]，现实社会人格与社会环境和行为直接相关，网络人格也与网络环境和行为直接相关。

对于大学生而言，大学阶段正是其人格形成和发展的关键时期，身心急剧发展和自我意识的成长十分明显。良好有序的社会环境对于大学生的成长非常重要，良好有序的网络环境也是如此。大学生个人和群体网络道德失范的普遍化，必然会破坏大学生置身的网络环境，反过来又影响着大学生良好人格的形成。

3. 大学生对现实生活的疏离

网络环境中长时间的人际交往，网络的虚拟空间会逐渐对现实的物理空间形成挤压。一旦在虚拟和现实之间的转换陷入失调，就会造成网民对现实生活的疏离感，甚至患上网络成瘾、网络孤独、迷恋电子游戏等“网络综合症”。一旦大学生对现实生活产生疏离感，往往不愿向他人表达自身思想与感情，甚至丧失正常的人际交往能力，形成人际交往障碍和人格障碍。

① 王海明 . 伦理学原理 [M]. 北京：北京出版社，2001：8.

大学生脱离现实成为“网络奴隶”时，就可能会把网络现实转化为生活现实，虚拟网络世界的不良思想、道德失范行为也映射到现实世界。大学生在网络世界虚构自己的生活，虚构自己的生活身份，会与社会现实生活更加渐行渐远，一旦面临就业压力、财务压力和社会压力，会更加剧自信心不足和行为麻木、冷漠的情况。

4. 弱化大学生社会化进程

大学生对现实生活产生疏离感进一步发展，就会导致大学生进入社会时面临诸多心理困难。每个人都是社会中的一分子，社会化是个人与他人、与社会环境之间形成的一种连续的、阶段性的和相互变化的发展过程。在现实生活中不断接受现实社会的道德准则、法律规范等，对个体社会化有着十分显著的作用。

然而，很多大学生由于过度沉迷虚拟的网络世界，与现实世界的道德、人际、法律等过于疏离，进而错过个体社会化的发展成熟。一旦大学生没有融入现实社会的基本心理准备和能力，很容易对周围的环境产生不适应感，自身在网络世界的一些道德失范行为落实到现实中，也容易遇到道德谴责甚至法律制裁。

大学生无论是沉迷虚拟的网络寻求心理平衡，还是在网络行为中“自我塑造”，都可能对自己的成长空间带来局限性，严重的还可能弱化大学生个体的社会化进程。

5. 大学生责任感弱化

网络信息与网络行为呈现出开放与自由的特点，网络行为的正当与否更多依靠个体的道德自律。但是网络的虚拟性使得人与人直接的交流被人机交互所取代，在这种非直接交流的网络环境中，网络主体角色的角色属性多变而难以确认，致使一些人责任感弱化，行为脱离道德的约束，并逃避现实生活中的法律与道德的责任。

大学生既是国家的未来与希望，也是国家未来建设的主力军，一旦大学生在网络虚拟世界中丧失对他人、社会和国家的责任感，屡屡做出道德失范行为，将来进入社会也很容易丧失承担社会责任的勇气，引发多层次的社会问题。一些不道德的网络行为，威胁着大学生自身的成长。

6. 大学生道德和法律意识淡化

大学生网络失范行为中，如传播不良等内容，恶意谩骂、攻击他人，抄袭他人的学术成果等行为，深层折射出大学生内心的道德和法律意识淡化。“习以为常”的网络道德失范行为，导致大学生的道德意识模糊，法律意识淡化。

大学生个体的网络道德失范行为如果得不到应有的规范和制裁，其道德感可能会进一步丧失，网络道德失范行为也会逐渐加深，行为进一步失控往往造成大学生对法律法规的漠视。这种漠视的心理一旦延伸到实际生活中，将会给大学生的日常行为带来极大影响，甚至做出违法犯罪的事情。

三、大学生网络道德失范的主要影响因素

网络行为和网络人际交往关系其实是现实中人们行为和人际交往关系的折射。要探究网络道德失范的成因，就必须从社会现实入手，并从网络传媒视角审视网民的现实生活、思想情感、行为范式等，以此得出网络道德失范的诸多影响因素。从来源上看，这些因素涵盖了从国家、社会到个人等多个方面。比如，多元文化和多种思潮充斥网络，网络监

管缺失等就是常见的引发网络道德失范的网络社会因素。

具体到大学生网络群体，其正处于从青少年走向成人、从学校走向社会的特殊阶段，自身有一定的特殊性，在网络道德失范问题上，也有自己的特殊性。概括而言，影响大学生网络道德失范因素主要是由内外两方面组成。内部因素和大学生年龄阶段与认识水平密切相关。大学生的身心还没有完全成熟，基于自身的认知判断容易产生一些不良心理，自身的道德意识和法律意识也有需要完善的地方。在网络这个虚拟空间，来自现实社会周围人的示范和约束功能有一定程度的失效，在此情况下，从不成熟逐渐走向成熟的大学生，无论是心理还是认知都容易发生一些偏差，进而产生一系列网络道德失范行为，或者无法正确地抵御网络道德失范行为的伤害。

影响大学生网络道德失范的主要外部因素包括家庭因素、学校因素、网络环境因素、社会环境因素等。其中，家庭因素和学校因素是大学生区别于其他网络群体的特殊存在。大学生的知识学习和认知发展，受到家庭环境和学校教育的影响巨大。在家庭因素上，道德教育的缺失或者父母不良行为的影响，都容易让大学生出现网络道德滑坡，进而导致自己行为失序。学校是大学生最主要的学习和生活场所，一旦学校不重视对学生的网络道德教育和思想政治教育，在教育失位的情况下，学生的道德水平和认知水平出现停滞，自然也容易引发各种道德问题。

网络环境和社会环境因素对大学生网络道德失范的影响可以说是双向的。一方面，网络上的一些道德失范行为对大学生造成了伤害；另一方面，在网络环境因素和社会环境因素的影响下，大学生自身道德失范和行为失序，成为网络道德失范行为的实施者。

（一）大学生自身因素

大学生网络道德失范，归根结底还是大学生自身的行为失范。马克思主义哲学也告诉我们“内因对事物是起决定性作用的”，因此，探究大学生网络道德失范的主要影响因素，首先就要从大学生自身方面着手研究。大学生处于青年期中身心发展不平衡的阶段，身体本能的张力和心理的不成熟双向结合，往往导致大学生自我行为脱序，造成道德行为失范。

1. 身心发展不成熟

大学生的年龄一般在18—25岁之间，虽然这个时期，大学生的身体发育逐渐成熟、心理上也呈现出好奇心强、自我表现欲强、易于接受新事物、感情丰富等显著心理特点。但是，这些心理往往不够成熟，在为大学生的成长提供积极的心理动力的同时，也容易对大学生造成肤浅与盲目的心理阻力。

部分大学生薄弱的自制力、不稳定的价值观、不准确道德判断力、淡薄的法律意识等都可以在其心理不成熟上找到本原。在网络架构的虚拟世界中，大学生享受着现实生活中难以获得的满足感与成就感，享受不受现实社会道德约束的“自由”，进而产生一些网络道德失范的行为。

大学生的自我身心发展具有特殊性，社会阅历和生活经验较少，外加不成熟的心智和不稳定的认知，使得大学生对网络社会认知停留在表层、抽象阶段。复杂的社会思潮、多元价值观对大学生的网络道德认知产生了巨大影响。

第一，薄弱的自制力往往导致大学生网络道德失范。大学生的性格和心理正处于重塑的阶段，有很大的弹性空间，因而也不够稳定，自制力较为薄弱。学业的压力、青春期叛逆心理、对世界的好奇心等综合因素作用下，大学生往往表现出易冲动、争强好斗、缺乏敬畏、不懂分辨、自我膨胀等现象，如出于好奇浏览不良内容，自制力较差沉迷网络游戏，冲动易怒等。

第二，单纯而不稳定的情感，往往导致大学生在网络中的迷失。大学阶段的学生情感丰富，而且激烈而复杂，缺乏稳定性和情感的辨别力。大学生多愁善感、感情失度的特点不仅会导致其在网络社会产生复杂网络情感，如迷恋网络社交、沉迷网络直播等，这种复杂的网络情感往往与现实情感有所冲突，长此以往，在复杂网络情感的负面作用下，大学生很容易丧失正确的判断力，做出一些网络道德失范行为。而大学生在现实中单纯而不稳定的情感，也往往容易被坏人利用，通过“完美人设”或者“特殊人设”引诱大学生投入情感、失去警惕心和辨别力，进而对其进行欺骗、伤害等行为。与此同时，大学生缺乏理性的网络情感，也会对其价值观、道德意识、法律意识等产生不利影响，进而导致其在网络和现实社会中做出违背道德规范的行为。

第三，过度膨胀的自我意识，往往导致大学生在网络中缺乏规则意识。大学生正处于“自我意识”的爆发期，大学生培养自己成熟的自我意识是好的，也是大学生完善自我认知、社会认知的必然要求。但是过度膨胀的自我意识也会产生消极影响，以自我为中心，不顾他人的感受和利益，不顾道德和法律的规范，滑向“极端个人主义、极端利己主义”。过度膨胀的自我意识容易导致大学生自私自利、目空一切，甚至藐视法律，做出一些违反网络道德的行为也就不足为奇了。此外，在互联网环境中，大学生还会出现自我意识的双重性，互联网的“虚拟性和匿名性的中介交流会提高大学生对自身态度和情感的关注度，同时会降低对外界评价的关注程度”[①]。比如，大学生在网络热点事件的“论战”中，放大别人的言语，认为感受到他人的轻视和冷漠，进而更激烈地不顾网络道德进行“反击”，这也是大学生网络道德失范行为的一种表现。

2. 大学生的不良心理

大学生的身心发展不成熟，会导致其产生许多不良的心理，这些不良心理也影响着大学生的网络行为。常见的容易导致大学生做出违背网络道德行为的心理有从众心理和攻击心理。

大学生的自我认知体系还在构建过程中，不够成熟，因而容易产生从众心理。“从众”是个体在认知、判断、信念与行为等方面，自愿或潜意识里与群体中的大多数保持一致的现象。从众行为本身有如下三个特点。第一，群体的观念压力，既可以是真实存在的，也可以是内心想象的；第二，群体的压力可以在个体有意识的情况下发挥作用，也可在个人无意识的情况发挥作用；第三，个体在“从众”过程中虽然表现出被“夹裹”的特点，但个体的行为本身是个体自愿真实发生。

在网络环境中，一旦出现“网络狂欢”，大学生不成熟的心理更容易“从众”，而进行“火上浇油”的行为，网络强大的虚拟现实极易通过群体舆论误导大学生，在失控的舆论面前，大学生自觉或者无意识地加入“狂欢大军”，做出一系列违背网络道德的行为。

弗洛伊德的精神分析学认为，人会为了满足本能的需要会对外部或

① 亚当·乔伊森．网络行为心理学——虚拟世界与真实生活 [M]．任衍具，魏玲，译．北京：商务印书馆，2014：79.

内部进行攻击，而攻击行为的产生总以挫折的存在为先决条件，遭受的挫折越大，攻击强度也越大。大学生虽然与社会交集还不够紧密，面对来自社会的挫折还不多，但是依然会面临学业的挫折、情感的挫折等问题。而且大学生承受挫折的能力常有不足，在挂科、失恋甚至游戏失败时都可能产生极端的精神发泄的欲求，诱使大学生产生网络道德失范行为。

当然，大学生的挫折经历并不一定会导致其产生网络道德失范行为，但是外部环境中的诱因会大大增加这种可能性。互联网本身就是一个复杂的"诱因场"，为大学生提供了一个受挫后匿名发泄和寻求慰藉的场所。社会学家对越轨行为的研究结果显示，匿名性与侵犯报复行为有着密切的关系，由匿名性可以隐化侵犯行为主体的真实身份，从而使其免受惩罚①。在网络环境中，大学生"挫折——攻击"的心理，常常导致其肆意发泄自己的不满情绪，罔顾社会道德，从而产生网络道德失范行为。

3. 依赖网络和逐利心态

如今，网络社会的信息呈现出"爆炸式增长"的特点，大学生对丰富的网络信息容易产生依赖，一旦自我自控力不强，很容易受到不良网络信息的误导。而且大学生对网络产生依赖心理后，会潜意识中对自己获取的网络信息产生一种盲目信任，而不是真正地去追本溯源或者理性思考。

大学生对网络信息依赖，常常表现为无限夸大网络信息的真实性，一旦大学生陷入对网络信息的盲目依赖，迷信网络的传播能力，容易伴

① 王贤卿.道德是否可虚拟——大学生网络行为的道德研究[M].上海：复旦大学出版社，2011：193.

随出现各种网络道德失范行为，例如，某些大学生在不经辨别的情况下，盲目信任或传播网络谣言。大学生过度依赖网络信息，必然会导致对网络信息认知的异化和主体性丧失，失去分辨网络信息好坏的基本能力。大学生过度迷信网络信息的传播能力，往往为了自己在网络上的“话语权”和“出名”，就做出一些博人眼球的行为或传播虚假社会信息、攻击网络其他主体……因此，需要培养大学生分辨网络信息的素养，培养大学生对网络信息的正确定位，提升学生在网络社会中的主体地位（而不是依赖地位），最终“规避大学生网络道德失范问题的发生”[①]。

过分追逐经济利益也是大学生出现网络道德失范行为的不良心态诱因。绝大多数大学生往往没有自己的收入来源，依托网络来获取金钱成为一些大学生的选择，大学生的“逐利”心理主要来自各方面：第一，因为家庭贫困，赚钱支付学费和生活费用；第二，在拜金主义、享乐主义思想作祟下，大学生过度超前消费，追求奢华生活。学生消费习惯的不成熟也放大了自己的消费欲望。在此心态的作用下，大学生容易做出一些违反网络道德的行为。比如，恶意盗取和使用网络资源，支持盗版甚至主动盗版；参与网络经济诈骗，借用大学生身份进行异性网络交往诈骗；参与网络赌博；等等。如果大学生没有过高的逐利心态，那么，主动进行相关的网络道德失范行为也必然会相应减少。

4. 网络道德意识和法律意识淡薄

前文已经就大学生网络道德失范导致其道德意识和法律意识淡薄的危害性进行阐述。其实，这个过程是双向的，道德、法律意识淡薄自然

① 西奥多·罗斯扎克.信息崇拜[M].苗华健，陈体仁，译.北京：中国对外翻译出版公司，2004：90.

也是其做出违反网络道德行为的重要原因。大学生处于特殊的人生成长阶段，自身的不成熟容易产生道德感异化，对道德意识缺乏足够的尊重，自身的网络行为自然更加放纵。

大学生网络法律意识淡薄也自然影响着其网络行为，当大学生“法盲”时，一方面表现为不懂得用法律的武器维护自身的合法权益；另一方面表现为对自己行为是否违法犯罪缺乏判断。比如，大学生在面临网络恶意攻击、“校园贷”等问题时，不懂得用法律的武器保护自己，反而越陷越深。大学生不能分辨违法行为，对自己言行应当承担的法律责任缺乏认知，自然也容易在网络上放纵自己的行为；甚至还有一些大学生，即使知道违法，但对违法犯罪的后果缺乏认知，甚至主观上去漠视法律。

（二）家庭因素

家庭是人生的第一课堂。前文就大学生安全意识缺失问题上的家庭影响因素进行了分析，此处就大学生网络道德失范的家庭影响因素展开进一步分析。大学生在网络上的行为很大程度上取决于自身的道德水平，而大学生的网络道德素质高低，很大程度受家庭环境尤其父母网络道德素质的影响。

在大学生的成长过程中，父母在家庭教育上往往更倾向于规范孩子在现实中的行为，教育孩子在亲朋邻里或者学校中遵守社会道德，注意个人言行；但往往对孩子网络行为的引导和教育重视不够，尤其由于网络的隐匿性和开放性，父母对大学生的网络行为监督甚少，引导其在网络中规范性也就存在许多困难性。

父母的网络行为本身对大学生就有示范作用，如果父母自己不重视自己在网络上的行为，比如，沉迷于网络、痴迷于游戏甚至传播低俗、不健康的网络信息；在网络社交时肆意抨击别人；等等，这些行为会对大学生造成不良的影响。

2015 年的春节团拜会上，习近平总书记指出："家庭是社会的基本细胞，是人生的第一所学校。"[①] 无论时代如何变化，不论生活格局如何变化，父母都是孩子的第一任老师，家庭生活是人生的第一场课堂。重视家庭建设，注重家教，发扬中华民族传统家庭美德尤其要弘扬社会主义核心价值观，才能促进下一代健康成长。如果千万家庭都能和谐，那自然也能够为现实社会和谐、网络社会和谐提供重要保障。

1. 家庭网络道德教育的缺失

很多家庭都不够重视网络道德教育对孩子的作用，造成家庭网络道德的教育缺失，也直接影响大学生的网络道德水平。

大学生的思维方式和做事原则深受家庭环境的影响，父母道德水准也自然影响大学生的网络行为。当今中国的大学生，主要成长于独生子女家庭，从小深受家庭宠爱，享受着优越的物质生活条件。许多大学生进入到大学生活后，家庭的管束随之减轻，如果之前家庭道德教育缺失，在新的大学生活中，大学生可能就失去来自家庭的制约，出现无拘无束、放任自流的情况。

据李国庆的调查问卷研究，在回答"学校在大学生网络道德问题成因中所占重多少"时，仅有 29.5%的同学认为很少，说明学校在大学生网络道德问题影响因素中同样重要；而当被问道"家庭因素对规范大学

---

① 习近平：在 2015 年春节团拜会上的讲话 [EB/OL].（2015-02-17）[2023-05-01].http：//www.gov.cn/xinwen/2015-02/17/content_2820563.htm.

生网络道德的影响”时，高达55.74%的学生表示影响很大[①]。由此可见，在大学生的认知和网络行为中，家庭道德教育对大学生的网络道德水平有着十分重要的影响。

追溯家庭网络道德教育的丧失原因，主要有两点：第一，一些父母受自身文化素养和对网络世界了解程度不高的局限，难以对孩子进行网络道德教育；第二，有些家长虽然具有较高的文化知识储备和道德认知，但过度重视大学生的学业而忽视对孩子的网络道德教育。家长一旦不能对孩子开展正确的网络道德教育，容易造成大学生在网络道德缺失。据报道的典型案例来看，从留守家庭、经济贫困家庭（由于各种原因无法对孩子进行网络道德教育的家庭）走出来的大学生，网络道德失范问题更明显。

2. 父母的负面形象的不良影响

家庭是社会重要的基石，也是社会的缩影，家庭成员的行为也会被孩子模仿进现实社会和网络社会。由于父母的不良引导，或对父母网络道德失范行为的耳濡目染，一些大学生继承了网络道德失范的“家庭传统”，甚至并不认为自身的很多网络行为是道德失范。

如果经常看到长辈尤其父母的一些网络“负面形象”，容易导致一些大学生对网络道德失范行为不自知。家长的“言传身教”直接影响着大学生在网络上的行为，如果家长长期存在不道德的网络行为，自然不能激发大学生内生出网络道德感。例如，一些父母在直播平台上无节制地“打赏”网红主播，沉迷于玩网游甚至参与网上赌博，通过网络销售假冒

① 李国庆．大学生网络道德失范及其教育引导研究 [D]. 哈尔滨：东北林业大学，2021.

伪劣商品……父母不能以身作则，自然也会潜移默化地将大学生带偏。

有些父母自身受教育程度不高，与网络社会脱节，与社会道德和法律法规脱节，甚至无视公序良俗、践踏法律，会给孩子树立非常不好的形象。一些大学生的网络道德失范行为，有时能够从其家庭环境中找到根源。

榜样的力量是无穷的，家长作为孩子的第一任导师，一定要重视自身对孩子的网络道德行为的引导、教育和示范作用，用言传身教和榜样激励来引导孩子规范自己的网络行为。

（三）学校因素

学校是大学生离开家庭后最主要的学习和生活场所，其做出一些网络道德失范的行为，很大程度上与学校环境息息相关。前文已经对大学生安全意识缺失问题上的学校影响因素进行了分析，此处就大学生网络道德失范的学校影响因素进行进一步分析。学校作为大学生学习和生活的主要场所，学校对网络道德教育的重视程度以及采取的一系列措施，直接影响着大学生的网络道德水平。

1. 学校对网络德育教育不够重视

高校网络道德教育的好坏直接关系大学生的网络行为。网络德育教育属于思想政治教育范畴，其课程设置不够全面、内容不够契合互联网新生态、教师队伍不够专业、教育手段不够灵活多样等因素综合作用下，导致学校的网络道德教育力度不够。

目前，高校思想政治教育中网络道德内容不足，网络道德教育也并未形成统一的教育方法，加之网络多样性导致的教育主客体之间差异性，更使得网络道德教育面临众多困难。大学对网络道德教育重视力度体现在理论研究不足、网络道德教师队伍缺乏、专项资金不足等诸多方面。如今，大学生网络道德失范行为屡屡见诸新闻，也正印证着学校对网络道德教育重视的力度不够。

高校在网络教育层面，呈现出重视传授技术和知识而忽视网络应用中的规范问题，导致网络道德教育内容比较单一，如忽视大学生的网络心理疏导，不能够借大学生网络道德失范“典例”对其进行案例教育和理论指导。很多高校网络道德宣传教育不到位，有的学校甚至没有对网络道德进行宣传教育的课程和活动，对网络舆情和网络意识形态更缺乏洞察和引导，大学生在学校的网络行为陷入失序的境地。

虽然有些高校在传统的思想政治教育中对网络有所涉及，但内容并不全面，尤其对大学生在网络环境中如何规范行为缺乏具体而实用的指导，很难实现理想的教育结果，部分大学生已然出现对网络道德的迷茫，自身对网络主流价值观的认知偏差也难以修正。

学校对网络德育教育不够重视，自然会导致学校网络道德教育方法陈旧单一和管理缺位。互联网的发展日新月异，思想道德教育也应该紧跟时代变化。然而学校相关教育不足，多采用辅导员或者其他课程老师来兼任网络道德教育职责。他们受限于自身的网络知识储备和教学方法不足，往往只能采用单向的说教、灌输方式来“照本宣科”应付了事，学生自然也并不能真心认同。而且由于缺乏系统的、来自现实案例的教学，网络道德教育的说服力和感染力自然不足。

高校教育管理的不足也会对大学生网络行为产生影响。由于部分高校对网络道德教育重视不足，在相关教育的管理上也严重缺位。虽然中央早就下发了《关于进一步加强互联网管理工作的意见》；国务院也出台了《关于进一步加强高等学校校园网络管理工作的意见》。但是“指导”而不是“强制”，许多学校并未建立起完善的网络管理体系和监管体制，自然也难以建立对网络道德失范行为的监管体制。即使和学业最密切的网络学术不端行为，许多学校也缺乏相应的规范制度，更难以开展严格的学术监管，网络学术道德失范行为也难以得到应有的惩罚。

2. 传统思想政治教育功能弱化

与高校对网络德育教育不够重视相对应的是传统思想政治教育功能弱化，这也是大学生道德认知与自身行为脱节的重要原因。“大学校园思想政治教育课程走过场、形式主义现象严重，尤其在如何进行道德教育的指导思想上出现问题”[①]，使得当代大学生的思想教育现状与时代脱轨，道德教育尤其网络道德教育难以落到实处。

互联网信息内容丰富、变化迅速，这就需要高校道德教育应该紧跟网络时代步伐。高校教育要培养全面发展的人才，提升高校大学生的思想政治素养也是其重要内容。然而一些高校中，出现“思想政治教育”流于形式的情况，教育的时代性和创新性也不足，在网络时代，作为思想政治教育组成部分的网络道德教育的系统性、时效性也难以实现。

无论是革命时期还是社会主义现代化建设时期，思想政治教育是中国共产党的优良传统和政治优势，思想道德建设也在国家的文化建设、政治建设中居于极其重要的地位，发挥自身强大的作用。因此，高校应加强思想政治教育，而不是让其流于形式、趋于弱化。在道德教育的过

① 李玲玉．大学生网络道德失范问题研究 [D]. 北京：中国地质大学，2015.

程中也应该根据网络环境的变化来不断完善网络道德教育内容。

思想政治教育具有引导、约束、规范受教育者行为功能，对受教育的心理进行调解，行为进行引导。一旦忽视了对大学生道德的培养，大学生群体很容易出现沉迷网络、不讲信用、不辨是非等网络道德失范行为。

与此同时，一些高校发现学生有网络道德失范行为，处理态度较为消极，处理方式也较为单一，并不注重网络道德失范行为的成因，容易引起学生的反感和抵触，自然无法长期有效地把握学校的网络道德发展趋势。高校提升思想政治教育效果，选择恰当的教育方式也十分关键，好的教育方式可以达到事半功倍的效果。创新教育形式，顺利开展思想教育工作，提升大学生的网络道德水平，自然会起到规范大学生网络道德意识与行为的效果。

（四）网络环境因素

大学生网络道德失范行为发生于网络虚拟社区，自然与网络场域有着复杂的关系。在“网络社会”中，参与者呈现出明显的“符号”特征，网络行为主体隐藏在符号背后，自身的行为在“匿名”的保护下，罔顾道德和法律的约束，传播不负责任的信息，进行网络欺诈等不轨行为，甚至恶意人身攻击，进而导致出现一系列网络道德失范行为。

在现实社会中，现实而复杂的人际关系，面临着一定的社会和文化规范，如风俗习惯、组织规范、道德法律等，其对个体具有普遍的约束力。但是在网络社会中，个体的责任和义务意识大为下降，反而由于缺乏约束而滥用自己在网络上发表言论和行使权利。

在现实社会中，一般有稳定的基本社会价值观来维持社会的正常运转。但是在网络社会，时空的界限被打破，人们难以达成道德上的共识，网络个体的道德稳定性也容易丧失，更是难以在基本社会价值上达成共识，这就使得传统社会道德难以发挥自己的社会舆论制约作用来规范网络个体的道德行为。

1. 全球化导致互联网文化环境复杂

大学生心智还够不成熟、社会经验也欠缺，当现实社会中的道德规范在网络虚拟社会中上难以发挥约束作用时，道德是非辨别力较差的大学生面临五光十色的网络文化、鱼龙混杂的社会思潮、来自各地甚至全球的人员汇集，自制力较差的大学生容易丧失道德意志力。

在全球化进程中，从学生成长面对的文化环境来看，各种文化相互激荡是全球化趋势的一个重要特征，特别是西方文化的冲击对于大学生往往带有极大的诱惑。[①]

互联网的全球化也是一把“双刃剑”，一方面，网络知识和网络环境为青年的发展创造了良好、方便的知识获取渠道，也提供了多样精彩的交互环境。另一方面，在网络环境中，具有“重智轻德”的倾向，无论是网络资源的产出、占有与配置，还是网络人际交往，都容易陷入失序。如果大学生在网络社会中极度追求个人利益，忽视自身道德和思想品德，容易忽略自身应该承担的个人和社会责任，进而行为失当。

在全球化趋势中，各种文化相互激荡，给当代大学生带去极大诱惑。

① 檀江林．当代大学生网络道德失范的原因、危害与治理 [C]// 中国青少年研究会．和谐社会与青少年思想道德建设研究报告——首届中国青少年发展论坛暨中国青少年研究会优秀论文集（2005）．天津社会科学院出版社，2005：417-427.

尤其西方发达国家借助自己在网络技术和设施上的优势地位，进行不良文化输出和意识形态渗透，像网络上传播的不良信息内容多来自境外，网络赌博、色情直播等不良平台的服务器也多在境外。敌对势力把互联网作为渗透、煽动和破坏的重要工具，借助开放的网络社交平台或信息平台，散布各种有违社会主义核心价值观的言论；利用社会热点话题，煽动社会不满情绪，蓄意制造谣言和歪曲社会舆论，破坏正常社会秩序，攻击党和政府，当代大学生如果不能分辨，被其诱导后容易做出一些违背社会道德和网络道德的行为，也会对大学生形成正确网络道德造成巨大负面影响。

2. 不良网络交往

大学生在互联网中，获得了比较自由的交往空间，在享受半独立的大学生生活时，大学生自身的交往属性被唤醒，寻找“志趣相投”的网上或现实交往伙伴来充实自己的生活。大学生在自己的交往圈子中，逐渐发展出朋友关系、舍友关系、网友关系、球友关系、游友关系……在无数真实或虚拟的交往圈子内，尤其无话不谈、彼此无忌的虚拟交往圈子中，伙伴之间会互相影响，自然也对大学生自身的网络道德素养产生影响，交往对象的行为很大程度上会影响大学生的网络道德行为。

大学生选择自己的网络交往对象时，往往依据自己的兴趣、爱好等进行，反而对交往对象的真实身份和道德准则不够关注，会导致其结交到一些不良伙伴。大学生不良交往的原因有很多，但是交往的结果只会损害大学生的身心健康发展，长此以往“近墨者黑”，自身的网络道德水平也会随之下降。

网络道德失范的大学生周围，往往有网络失范的“伙伴”，他们互相感染，比如，网络游戏的“游友”、网络博彩的“赌友”、沉迷网络直播的“粉友”，甚至参与网络销售假冒伪类商品的“同行”、具有特殊爱好的“密友”等，这些不良的交往对象引导和加剧了大学生做出违法网络道德行为，让大学生的网络道德失范行为“从无到有”再到“肆无忌惮”。在一些容易成瘾的领域，比如，赌博、网贷、情色等，更是如此。

我国古代就有“孟母三迁”的故事，说明的就是交往要注重交往对象品质的道理。虽然大学生网络道德失范行为受交往对象影响的程度难以量化，但无疑也是重要的外因。大学生在交往过程中的不良对象和交往内容，会让其迷失自己的网络道德判断标准，逐渐降低和丧失自己的网络道德标准，甚至对一些新奇的网络道德失范行为产生病态的崇拜和模仿心理。

大学生不良交往对象，首先集中于各种网络社交平台，一些别有用心的犯罪分子也利用这些网络社交平台来达到自己的目的。微信、QQ、微博等网络社交平台极大地拉近了大学生与交往伙伴的距离，但是也为不良社会信息和违背道德、法律信息的传播提供了便利，也提高了大学生发生网络交往道德失范行为的可能性。比如，互相攀比导致的“网络借贷、网络诈骗”，共同切磋导致的“沉迷游戏”，猎奇分享“不良信息”，学术失范“抄袭论文”，等等。总之，大学生受不良交往对象和不良交往内容的影响，会引发自身的网络道德失范行为。

（五）社会环境因素

网络社会本质上说是现实社会的衍生场域，一方面，网络社会的道德失范行为可以在现实社会环境中找到根源；另一方面，现实社会对网络环境的监管不足、法律规范不足等也使得网络社会秩序的监管失序。总之，大学生作为网络社会中的行事主体，自身道德失范行为也受环境因素的影响。

1. 社会环境的高速变化

当今大学生多成长于世纪之交，尤其21世纪的前20年，既是互联网全球大发展的时代，也是全球大变化、中国大发展的时代。大学生的成长受全球各种文化和思潮的影响，各种非主流文化为大学生提供了更多适应个性、表达情感的机会，但也容易导致大学生受不良文化因素的误导，过度追求直观、感性的感官或物质享受，缺乏理性的思考与鉴别，对自己行为的道德约束感下降。而在社会多元价值观的影响下，大学生对社会主流价值观的认同感也出现下降。

改革开放以来，我国的社会经济环境大发展、大变化。伴随着社会经济的变迁，各种的社会现象、社会冲突不断涌现，整个社会的价值观出现多元碰撞的局面，群体心态也随之发生复杂深刻的变化。在商品经济大潮的不断冲击下，即使置身校园的大学生，自身的价值判断和心态也出现受到社会经济的巨大冲击，道德观与价值观受到巨大影响。首先，社会变迁的使得大学生自身的认知能力和与社会现实之间形成差距，面对光怪陆离的网络和现实社会难以适应；其次，面对社会发展中的不平衡、贫富差距的拉大等社会现实和社会的一些不良现象，一些大学生产生了许多心理困惑与迷茫，出现许多浮躁甚至庸俗化的言行。无论是社会百相的冲击，还是学业、就业的压力，大学生习惯投身网络虚拟空间来寻求解脱和消遣。

我国的经济规模已经稳居世界第二位，创造了世界经济发展奇迹，社会建设也取得了长足的进步，但是局部出现的一系列道德失范现象也是事实，大学生不可避免地也受到了社会出现的道德失范行为的影响。尤其大学生早在进入社会之前，就目睹了一些网络社会的道德失范行为，如劣质网购、网络赌博、网络诈骗、网络色情、网络学术剽窃等。与此同时，现实社会中的不良现象和一些不良社会风气也影响着学生的认知。综合之下，社会环境对大学生的网络行为产生了巨大影响。

社会环境的大变化，社会风气大变迁，使得“金钱至上、享乐至上”的不良社会风气抬头，个人利益膨胀导致大学生的价值观出现偏差，并做出一些网络道德失范的事情。

2. 松散网络社会与不良舆论的引导

网络社会复杂多变，充斥着大量不良信息，各种网络不规范的行为层出不穷，甚至让人觉得“多见不怪”，大量低俗、色情、暴力等信息充斥网络，谩骂、造谣诽谤和人肉搜索攻击等违德行为也时常发生，助长了大学生网络行为的不轨心理。以大学生比较熟悉的网络学术不端为例，“网络学术枪手”产业化甚至吸引大量学生直接参与代笔，如此风气下，网络学术不端也呈现出屡禁不止的局面。

道德发挥作用，需要靠社会秩序和舆论的制约，舆论某种能程度上说是道德水准的“风向标”，并对引导、约束人们言行起到重要作用。在躁动的社会舆论、不良的社会观念引导下，大学生自身的网络道德水平也受到不良影响，甚至出现心中怨念横生、仇视社会等错误心理。网络社会中的消极舆论，比如，“高消费享乐主义”“功利主义”“金钱至上主义”等刺激着大学生做出许多违背网络道德的行为。

部分媒体、网站、平台等在经济利益驱使下，借助社会热点胡乱报道、歪曲引导，输出大量破坏网络秩序的虚假信息；或者为了追求点击率、获得关注，肆意夸大内容甚至不惜曲解、捏造信息，大学生的网络道德认知就这样被消极引导。同时，部分媒体、网站、平台等在网络报道上缺乏责任感，自身缺乏约束力和明确的价值导向。当代大学生主要依靠互联网获取新闻、讯息，如果接受和传播不良网络舆论，就容易发生一系列网络道德失范问题。

3. 相关监督管理不足和法律不完善

网络优良秩序的建立，不仅需要网络主体自身规范自己的行为，也需要相关网络监管部门的管理和法律法规的制约。然而，由于网络的开放性、相关部门的权责不明等原因，造成网络监管难度大，对大学生网络道德失范行为也难以有效监管和引导。网络社会和现实社会具有重大差异，它的虚拟性、隐匿性等特点，都使得相关规范立法和执法面临着许多现实的困难，而且网络生态日新月异，相关法律的制定往往具有滞后性，导致对网络失范行为的执法有时会出现无法可依或有法难依的局面，一定程度上反向助长了网络失范的歪风邪气。

总体而言，网络相关部门的监管不力和法律法规的不够完善，一定程度上影响着大学生的网络行为。网络社会同现实社会一样也需要国家政府部门的监管，需要法律法规的规范，才能维护良好的网络风气。如网警执法过程中，警力难以覆盖到广泛的网络环境，网络舆论环境长期出现局部无序的状态；网络安全部门对境外网络攻击的抵御，仍有待加强；教育主管部门对学生真实诉求缺乏了解，管理缺位。大学生网络行为的规范只寄希望于大学生的自觉、自律是远远不够的。如果大学生在网络社会中的道德失范甚至违法行为受不到相应的监管和惩罚，容易造成大学生网络道德失范行为的恶性循环。

网络社会不是法外之地，虽然中国网络信息法律体系已经基本建立，但是仍然不够细致和健全，针对大学生网络道德失范行为的具体执法也有所失当。另外，相关法律的不健全，网络违法行为界定模糊，也使得大学生网络行为失去最后一道防线。面对互联网迅猛发展，相关网络立法仍存在一些空白，法律真空也必然伴随着道德失序，尤其传统道德的约束力不足的时候，法律法规的“红线”作用更显得重要。只有完善网络法律法规，让全体网民敬畏法律，才能真正让大学生依据网络道德行事。

相关立法部门应该在现有的网络道德失范问题基础上，积极主动甚至提前开展立法工作。立法滞后对中国互联网发展、对网络社会秩序的建立、对大学生网络行为规范都是不利的。而且，由于互联网发展快速，活跃于网络社会的大学生不断面临诸多新问题。法律法规相对滞后，自然难以妥善解决大学生出现的网络道德失范问题。

从 1994 年我国全面接入国际互联网起，我国颁布了一系列网络法律、法规，需要不断地摸索和研究，以适应不断发展的网络社会。相关部门的完善监管和网络法律、法规的健全，有助于打消大学生在做出网络失范行为时的侥幸心理。大学生网络道德意识、网络法律意识的提升，对其规范自身网络行为自然非常重要。

第四章　大学生网络暴力的表现形式及危害性

一、网络暴力的表现及特点

网络道德失范在危害性上进一步升级，往往就发展成了网络暴力，虽然两者并没有明确的范围界限和伤害程度上的定量指标，但影响因素和行为主客体上具有很大的相似性。因此，笔者不再赘述大学生网络暴力的影响因素，而立足从更重要和引人注意的“危害角度”上出发，去审视网络暴力的表现形式和危害性。

笔者据以往的针对“网络暴力”的研究成果，发现大学生曾参与或围观过网络语言暴力的行为是非常普遍的现象。大学生不仅常作为网络暴力的受害者的面目出现，而且随着网络将学校和社会更加紧密地联系起来，部分大学生群体也有加入“网络暴力”大军的趋势，尤其当社会热点事件爆发时，冲动性和正义感均容易“爆棚”的大学生，在网络上激烈的言辞屡见不鲜。近年来，在很多网络热点事件中都能够清晰地看到大学生群体在网络上发表激烈言辞，甚至进行网络暴力攻击行为。

类比网络道德失范行为，受网络环境、社会环境和大学生自身控制力较弱等原因的影响，一方面，大学生相对脆弱的心理，容易在网络言语攻击、网络人肉搜索等网络暴力面前，不堪忍受而发生种种惨剧；另一方面，大学生容易被网络上充斥的各种负面信息、不良文化和价值观所影响，受到“网络舆论”的夹裹或者被一些不良用心的人利用，成为网络暴力事件的推波助澜者甚至参与者。

从表现来看，网络暴力主要是在网络上使用言语、图片、视频等形式对他人进行人身攻击和伤害。具体而言，主要包括三类：第一，对当事人及其亲友等进行言语攻击，扰乱其的正常生活，损害其人身权利等，即我们通俗说的“网络言语攻击”；第二，网民对未经证实或已经证实的网络热点事件，在网上发表伤害性、侮辱性和煽动性的失实言论，损害当事人的名誉或其他合法权益，即我们通俗说的“网络谣言”；第三，通过人肉搜索、网络盗取等方式在网上公开当事人现实生活中的个人隐私，侵犯其隐私权，即我们通俗说的“泄露他人隐私”。

网络暴力和现实暴力相比，在特征上具有很大的不同，其随意性、突发性、群体性和危害上的欺凌性交织在一起，使得网络暴力行为治理面临着复杂、困难的局面。对网络暴力的表现和特征有了充分了解的基础上，我们才能对大学生网络暴力行为的研究有更全面的理解。

（一）大学生网络暴力的表现

与网络道德失范相似，网络暴力也是互联网上常见的行为。在网络环境中，大学生有可能成为网络暴力施暴者，也可能会成为其受害者。大学生在网络平台对个人或组织发表带有侮辱性或攻击性的言论，借助社会热点对他人进行或者参与人肉搜索、攻击性传播社会谣言等行为，就构成了大学生网络暴力施暴者的角色，反过来就成了受暴者的角色。在复杂的网络环境中，“青年是网络暴力的积极参与者和制造者，也是深受网络暴力影响的社会体，其本身存在的网络暴力现象更是不容忽视”[①]，大学生以何种方式参与到网络暴力当中，是研究大学生网络暴力的起点。由于网络暴力行为会产生恶性循环，同时网络暴力实施者和受害者可能会出现角色互换，避免大学生实施网络暴力，也要关注大学生受到网络暴力的现实性和潜在性。

1. 网络言语攻击

网络语言暴力是网络暴力中最常见的一类。网络作为综合交互的平台，语言的使用应该像现实语言交际中一样，遵守礼貌的原则。言语礼貌是指人们在语言交际中应遵守的基本社会礼貌规范，但“言”也是一种无形的武器，社交过程中如果以语言为武器对他人进行人身攻击，就成了语言暴力行为，从而给他人精神上和心理上造成伤害。

网络文化天然带有娱乐性、戏谑性的特征，因此，网络语言在表达上也具有夸张性、游戏性、情绪性的成分。在网络环境中，网络语言如果正常有序地表达，相对于现实语言有时更加幽默轻松、自由触达，但是如果没有节制地发展，尤其情绪性输出非常容易导致粗暴表达、偏激的言论、不雅的用词，导致网络语言暴力出现。

网络语言暴力最常见的就是直接使用脏话谩骂，在网络语言环境中，这些词语以字母、表情包、谐音字等来代替，这种替代看似稍微委婉间

---

① 刘国君．大学生对网络暴力认知探析 [J]. 广州广播电视大学学报，2018，18（1）：44-47.

接一些，比如，“TMD、BT”等，但实则由于规避了平台检测，而被更广泛地使用。另外，一些谩骂词语、成语的使用也延续了特殊时期批斗式的表现方式，充满了无情和残酷的口气，比如，“灭绝人性、无耻鼠辈、跳梁小丑”等。与此同时，一些人话里有话、阴阳怪气，如正话反说“你太棒了，你都上天了”等，进行软语言暴力，甚至往往没有意识到自己在网络施暴。

网络语言攻击者往往先把自己放在“道德制高点”上，披着“道德的外衣”却做着不道德的行为。他们用激烈的言辞，居高临下地对他人进行攻击定性，肆意践踏他人的尊严。虽然部分被攻击对象在被攻击的事情上确实有过错，但是不至于也不应该被谩骂诋毁。网络语言暴力攻击超过了他所应承受的惩罚，也对当事人造成了很大的心理伤害。在网络公共空间肆意进行言语暴力谩骂、侮辱、诽谤，往往给当事人带来巨大的身心伤害；尤其群体性的网络语言暴力，甚至可能导致当事人不堪忍受而选择自杀。

2. 网络谣言

网络谣言是指恶意地制造和传播一些吸引人眼球的虚假消息。网络谣言中那些添枝加叶的内容很容易侮辱当事人的人格、曲解甚至伪造当事人的行为，致使当事人面临来自围观者的所谓“道德审判”而受到伤害。

网络谣言的散布空间非常广，传播速度也十分迅捷。社交软件、社交网站、网络论坛、微博平台、自媒体新闻等都可能将某一网络谣言放大化。网络谣言具有实施手段的隐蔽性、广泛性，实施主体的攻击性、报复性，实施目的的宣泄性、诱惑性等特点，在一系列传播因素的作用下，成为破坏网络生态的社会“毒瘤”。

在新媒体环境下，很多平台已经成为滋生和传播网络谣言的温床，一些商业性、社会性的谣言，形成了热点，冲击着社会秩序和稳定。比如，2023年2月13日开庭的“刘学州网暴致死案”和早些年的韩国女星“雪莉网暴自杀”一样，极大地冲击了人们对网络社会认知；散布“紫光阁地沟油”“星巴克咖啡致癌”等谣言对相关企业和品牌造成了巨大的经济损失和名誉受损；“基站辐射”伪科学谣言对国家的基站建设造成了十分不利的影响。

网络社会的相对隐蔽性和自由性，容易让网民以虚拟身份出现在网络舞台，在这样身份的掩盖下，往往抱着“法不责众”的心理，躲在群体中向受害者进行网络暴力攻击了，成为四处开火的“键盘侠”，对未经证实的谣言过分热心，发表具有伤害性、侮辱性和煽动性的言论，不仅对当事人名誉身心造成损害，酿成网络群体性事件，甚至对社会稳定形成冲击。

3.“人肉搜索”的恶意滥用

“人肉搜索”顾名思义就是利用现代信息媒体和科技手段，将传统的网络信息搜索变成人找人、人问人、人碰人、人挤人的关系型网络社区搜索活动，利用人力来提纯、鉴别搜索引擎上提供的信息，“一人提问、八方回应”，最终达到人肉搜索的结果。自21世纪初至今，随着网络的发展，“人肉搜索”在方式、效率、强度等方面发生了较大改变，却始终活跃在网络空间。尤其近年来人肉搜索从以往的“场所”主导活动转变为用户主导的活动，人肉搜索的目的性、组织性和跨平台性有所加强。人肉搜索组织发起成本低、人肉的目标边界不清、参与者难以约束，因此，人肉搜索很容易失控也更难问责。人肉搜索对人们的隐私权构成严重威胁，而隐私被曝光后随之而来的网络暴力更是难以控制。

在新媒体时代，尤其自媒体和互联网社交的发展，人们在网络上留下许多信息，如个人真实的注册信息、日常生活的图片等。由于人肉搜索很容易聚集不同阶层、不同知识背景的人，在浩瀚的网民参与下，人肉搜索很容易在很短时间内揭露出某些事件的真相，甚至触及传统网络无法展现的领域。作为一种搜索手段，人肉搜索本身并没有对错之分，但是其结果具有强烈的对错指向。一方面，在反腐、社会监督等层面，人肉搜索发挥着一定的积极作用；另一方面，在大多数情况下，人肉搜索的边界模糊，经常导致一些负面作用，许多人恶意使用“人肉搜索”，侵害他人隐私，扰乱他人正常生活，扰乱社会秩序，导致了一系列不良后果。

随着“人肉搜索”的成长，其正逐渐摆脱原始的“暴力面”，展示出其维护正义的一面，但是我们仍不能忽视其恶意滥用导致的恶劣效果。如近年来的一些案例就将人肉搜索的恶劣后果推上了风口浪尖，而“人肉搜索”酿成的悲剧并不鲜见。

那么，“人肉搜索”事件会涉及哪些法律问题呢？人肉搜索很容易导致民事侵权，如侵犯他人的隐私权、名誉权。被侵权人有权要求“搜索者”承担侵权责任。除民事侵权外，人肉搜索还可能涉嫌刑事违法，如通过非法方式获得个人信息（涉嫌侵犯公民个人信息罪），非法出售或者非法向他人提供个人信息（行政违法）等。

（二）网络暴力的特征

“网络暴力”与传统的暴力不同，传统的暴力行为往往发生在现实空间，无论是行为主体、客体都是确定的，造成的伤害往往是可以定性定量的，而网络暴力发生在虚拟的网络空间，网络暴力多以群体出现，无论其行事特征、行事后果等都有自身的特点。

1. 网络暴力语言的特征：随意性和突发性

网络语言是开放的网络空间的产物，为了快速输出、方便理解、直接对线，网络语言有多口语化、形式简单、表达多变等特点，呈现出很大的随意性。网络是人们的社交媒介，语言使用上和我们日常生活语言有相似之处，像一些常见的网络语言暴力“语言”，往往都可以看到“国骂”的身影，甚至这些高频暴力用语又进一步简化，用更简单的拼音字母、数字代替。

为了让表达更加形象和令人深刻，大量的“梗”和修辞被用于网络语言中，自然也在网络暴力语言中。各种修辞手法和夸张的表达也用于网络语言暴力中，像把人动物化的“哈巴狗”（嘲讽他人卑颜屈膝讨好他人）、“舔狗”（讽刺单方面讨好一个人而不顾自身的尊严）。给人起各种侮辱性的绰号或者阴阳怪气地反语也非常常见，比如，“叼盘”就被用来称呼那些没有主见、说一些八面玲珑实则毫无用处话语的人；“天才”被用来表示“天生的蠢材”等。与此同时，大量用于谩骂和所谓“斗图”的表情包，比文字更加鲜明简洁，甚至还有许多全民性的热门表情包，比如，张学友在1988年的港产片《旺角卡门》中饰演的“乌蝇”与万梓良饰演的Tony在麻将馆对峙时的表情，就被做成了风靡全国的表情包，甚至还有一些血腥暴力配合大量谩骂的文字的表情包也十分流行。

网络的开放性使得网民的聚集和表达都具有很强的随意性和突发性，使得网络暴力语言表达也难以预料。比如，跟帖谩骂很多时候只要一个人领头，后面的人便纷纷跟帖，或“踩”或“骂”，让网络暴力不断升级。人们使用大量简洁、激烈的文字或表情包来放大自己的情绪，释放着人们感觉器官的激情感受。网络语言暴力往往具有迅速“爆红”的特征，难以预判和控制，比如，贴吧的对战、微博留言攻击时，各种充满暴力语言的帖子刷新速度十分迅速，网络语言暴力“一发不可收拾”，甚至少数理智劝解的人也常常被“牵连”其中。网络语言暴力的突发性还在于触发的事件往往是突发的，原因也有很大的不确定性，网络暴力语言也因此层出不穷。

2. 网络暴力实施者的隐蔽性和群体性

从网络暴力的实施者来看，网络的拟态环境决定了网络暴力参与者的隐蔽性，而这种隐匿性导致其缺乏设身处地地为他人着想的现实环境，也难以觉察自己网络暴力言行可能导致的严重后果，甚至普遍缺乏恻隐之心和敬畏之心。在网络暴力事件，参与者往往来自一个个陌生的网名或虚拟的身份标志号码（网络 ID），他们或自发或有组织地成为“施暴群体”，躲在键盘后在网络空间肆意攻击，群体性的口诛笔伐往往使得受害者难以招架，饱受长期的身心伤害。

网络每天都会产生巨量的信息，“互联网准许没有政治背景和经济背景的人发表自己的观点，并且可以参与到对社会公众事物的讨论中去"[①]，每个人都可能成为话题"集体狂欢"的参与者。在偏情绪化表达和群体性夹裹下，暴力话语的实施者一方面隐藏在网络之后；另一方面又以群体性的面貌煽动、挑唆、攻击，爆发出巨大的破坏力量。

网络的进入门槛低，使用成本也低，全民上网已经成为普遍的现实，每个人都可以使用网络将自己的思想和观念传播到网络社会的各个角落。无数网民自我表达时，无须付出太多成本，在网络社交平台上的道德和法律约束也较现实社会弱。大规模素质参差不齐的网络个体，在某种利益或激烈情感的驱使下聚集在一起，一旦失控就形成庞大的网络暴力群体。各种道德规范与法律限制在面对群体的力量时制约力会有所下降，让许多网络暴力实施者更加肆无忌惮。网络暴力的参与者的隐匿性也导致了暴力信息传播的隐患，网络参与者的群体性也使得参与者预估、归类、分辨和惩戒面临许多难以解决的现实困难。

3. 网络暴力的广泛性和易传染性

随着互联网的不断发展和智能手机的普及，网络用户数量和网络暴力事件急剧增加，使用网络的要求也很低，只要有一台智能手机即可，就可以通过文字、图像、音频、视频等数字化形式进行网络暴力行为，即使没有"网络暴力素材"，也只需要简单地复制、粘贴他人的攻击内容来实现变相的自我表达，网络暴力也呈现出广泛性和易传染性的特点。

在传统媒体环境中，舆论发布呈现出单向性，可以通过审查、部署来进行约束。但是在互联网环境中，网络传播的全球性和即时性突破了时空限制，尤其是自媒体的崛起，使得网络的参与者可以随时随地阅读、

① 王四新. 网络空间的表达自由 [M]. 北京：社会科学文献出版社，2007：303.

转载和评论。因此，网民不但是网络舆论的接受者，而且很容易成为网络舆论的传播者。一旦网络暴力产生，很容易在短时间内就蔓延到网络公共社会。

网络信息的传播十分分散，导致网络暴力的范围和影响难以控制。全球广域网和地区的局域网都已经形成庞大的共享平台和社交平台，无数人在这些平台上穿梭交往、分享信息，一旦发生网络暴力，尤其“人肉搜索”导致受害者个人隐私信息的暴露后，网络中的愤怒情绪、道德审判所形成的“网络暴力”就会如同潮水一般淹没受害者：接连不断地谩骂、无尽的电话或者短信骚扰、去当事人家庭或工作地点闹事等，都使得受害者身心受到巨大伤害，一旦网络暴力事件持续发酵，后果难以估量，甚至会出现越来越多的网络暴力自杀事件。

二、网络暴力的危害性

虽然网络空间是虚拟的，但是网络暴力带来的危害却是现实而且严重的。网络暴力不仅给受害者带来了伤害，还影响着网络暴力实施者；不仅损害了网络环境，还对社会稳定造成不良的影响。

网络暴力对事件相关人进行攻击，严重侵害了其合法权益，给当事人造成严重的心理创伤，甚至一些人不堪忍受而自杀；有些网络暴力的网民甚至将暴力转到线下，直接线下骚扰当事人或其亲友、工作单位等，严重扰乱了正常的社会秩序。这两种都是常见的网络暴力危害。

正是由于网络暴力的巨大危害性，为了有效遏制频发的网络暴力现象、净化网络环境、维护社会稳定，国家网信办在 2019 年 12 月颁布了《网络信息内容生态治理规定》，该法明确强调对网络暴力行为依法追究刑事责任。在以往的司法实践中，虽然刑法中有侮辱诽谤罪、侵犯公民个人信息罪、寻衅滋事罪等规定，但由于网络暴力行为与传统的暴力行为方式大为不同，传统的法律制裁难以落到实处。

以《网络信息内容生态治理规定》为开端，我国以往难以对网络暴力行为进行刑事责任追究的情况成为过去，这是基于网络暴力危害性的有效措施。互联网生态变化迅速，为了有效治理网络暴力现象，打击网络犯罪，应该进一步加强科学立法，将网络暴力现象进一步纳入相关法律治理体系。

（一）对网络暴力受害者的侵害

网络暴力行为会对网络暴力的受害者带来各种伤害。由于网络活动的跨时空性和虚拟性，在网络虚拟社会中产生的暴力的实施主体是“看不见、摸不着”的，主体和客体是分离的，但网络暴力带来的伤害是现实存在的。

由于网络暴力中缺乏面对面的互动，会降低施暴者的同理心，施暴者反而会觉得是受害者“内心太脆弱”，无法直观感受施暴对象的感受，甚至一次次强化网络暴力行为。网络暴力受害者承受着许多无形的身心压迫与伤害，某种程度上说，与现实的暴力具有同等的性质，却往往忽视了其带来的严重的后果。

1. 网络暴力造成的心理创伤

网络暴力的受害者会遭到一系列的心理打击，甚至会导致精神上陷入焦虑、紧张乃至抑郁的状况。网络暴力可能会让受害者在无尽地谩骂和诋毁中感到自卑和自责，认为自己不够好，丧失基本的自信和自我认同感，出现自我否定的负面情绪。网络暴力可能会让受害者在与网络暴力实施者的“对战中”感到沮丧和失落，面对汹涌的“网络群殴”而感到无助和无望，从而陷入低落的情绪中。网络暴力对受害者造成的心理创伤如果无法得到及时疏解，受害者甚至可能会出现抑郁、焦虑、应激障碍等严重的心理问题，更有可能产生自杀的冲动，直至酿成惨剧。

网络暴力带来的伤害实际上比人们印象里要严重得多，对受害人来说，首先会面临严重的心理危机。受害者在面对施暴者的一次次网络攻击时，会产生“我究竟做错了什么？为什么要被这样对待？”的自我疑惑感和否定感。面对数以百计甚至千计的网络恶意攻击时，受害者心理往往难以承受而陷入崩塌。人身攻击、造谣、恶搞、泄露隐私等行为，能够让受害者失去理性，陷入极端痛苦和绝望无助当中。大学生的感情往往比较丰富，一旦成为网络暴力的受害者，其产生的各种心理症状往往也比其他人高，在痛苦、焦虑、抑郁、敌意等心理的作用下，产生严重的心理创伤。

2. 网络暴力导致受害者现实生活的混乱

网络暴力攻击会影响受害者正常的人际交往，让正常生活受到严重干扰。一方面，由于个人信息被泄露，来自网络和现实的电话、短信甚至社交账户的骚扰络绎不绝，加上周围人的指摘和攻击，受害者很容易就失去了正常的社会交往空间和能力；另一方面，受害者个人生活的积极性大为受挫，时间被大量占用，甚至工作也会受到影响，正常生活难以为继。

在网络暴力事件中，大学生有可能是施暴者，但同时也可能成为受害者。由于个人身心不成熟，心理承受能力较差、社会生活经验不足等原因，大学生在成为受害者时，极有可能出现手足无措或者采取较为极端的处理方式，比如，采取“以暴制暴、以牙还牙”的方式回击施暴者，或者不堪忍受网络暴力的侵害而丧失学习生活的能力，甚至导致由于个人的崩溃而选择自杀等严重事件。

3. 网络暴力的“旋涡”效应

俗话说，“当雪崩来临时，没有一片雪花是无辜的”，而且雪崩之下，旋涡挟裹也往往会殃及无辜，导致网络暴力的伤害扩大化。网络暴力具有蔓延性，在“群体狂欢”的网络暴力环境中，旁观者容易被卷入网络暴力的“旋涡”，在网络暴力攻击中成为次生受害者。

正如前文所说，网络暴力具有随意性、突发性、隐匿性、群体性、广泛性、易传染性等特征，其形成和发展是不可控的，波及的范围也往往具有极大的不稳定性。作为网络暴力的旁观者，基本上有“作为”和“不作为”两种选择。无论是实际参与还是简单围观，其实“都在客观上增加了这起网络事件的关注度，对该事件最终演变成网络暴力事件起着不可忽视的作用”[①]，在这个过程中，无论是参与发表一些个人看法（甚至参与网络暴力攻击）或关注转发来表明自己的某种态度，都会成为网络暴力旋涡中的一分子。尤其当成为参与者时，站在受害者一方，或者无论坚持什么立场，都有可能被网络暴力攻击，进而在网络暴力中变成受害者。

网络暴力是一种有害的、不文明的网络现象，侵蚀人们的世界观、人生观、价值观。它对旁观者的影响也是潜移默化的，自身的价值观、

① 沈嘉悦，薛可 . 新媒体网络暴力中的旁观者研究 [J]. 新闻研究导刊，2016，7（17）：70-71.

认知能力乃至性格行为等都可能受到不同程度的消极影响。在网络暴力的“社会性围观”中，作为“吃瓜群众”在习以为常、见怪不怪中容易形成冷漠的道德情感，在正义和良知面前选择无所作为，丧失基本的社会道德认同感。这种冷漠的道德情感延伸到现实生活中，可能会导致对待身边的事情丧失正确的道德判断，缺少维护正义、坚守良知的行动力，不利于自身道德价值观的培养和健康人格的塑造。

（二）网络暴力对行为主体的不良影响

网络暴力对受害者造成的伤害是不言而喻的，也是很容易引起人们关注和共鸣的，但是人们往往对网络暴力对行为主体的不良影响缺乏相应的关注和认知。事实上，网络暴力行为所危害的个体对象，不仅包括网络暴力的受害者，还包括施暴者本身甚至旁观者。

具体到大学生而言，如果其成为网络暴力行为的实施者，在自身做出一系列违背公序良俗、违背社会道德和法律时，这些错误行为也会影响到自身的健康成长和发展。

1. 网络暴力实施者“三观”扭曲

“意识决定行动，行动影响意识”，网络暴力本质上是一种作恶，它和正当的道德谴责、社会评价等有着本质的区别。网络暴力里所表现出来的道德标准、认知判断即是网络暴力实施者内心真实认知的反映，网络暴力过程中也在不断强化这种错误的内在真实认知，逐渐扭曲自身的世界观、人生观、价值观。

大学生和其他网络暴力实施者一样，一旦做出网络暴力行为，自身的“三观”也很容易发生扭曲，甚至由于自身特殊的身心特点，这种扭曲更容易发生。在网络社区中实施网络暴力有时是出于宣泄情绪、恶意攻击等不良目的，有时是打着维护社会公平正义的名义，但是无论出于何种目的，网络暴力行为都会对实施者自身成长发展造成严重影响。在简单粗暴的网络暴力式的行事中，大学生往往陷入“非黑即白”的道德困境，行事判断缺乏辩证眼光，世界观会逐渐片面化，不能够多方面、多角度地综合看待事物。实施网络攻击时会固化自己所看到的片面事实，强化自己所做出的片面判断，不利于大学生提升自己的思维能力，完善自己的“三观”。

网络时代信息更新极为迅速，网络暴力所针对的事件往往在事后才能暴露出真相，但是人们的情感感受和利益诉求往往等不及真相出现，而是有选择地接受自己认定的事实，甚至道德谴责的快感远远超过对事情真相的探寻。这样“先入为主”的价值选择很容易发生偏差，容易让大学生丧失辩证的眼光和独立思考的能力。在纷乱的网络暴力谴责声中，大学生的价值观不够完善，更是难以凭借自己的思维和价值判断能力做出正确选择，“如果长期接触网络暴力，势必影响其价值观取向，很可能会与社会主流的价值理念背道而驰”[①]。

网络暴力行为也会对大学生的人生观产生不良影响。一旦自己成为网络暴力的实施者，大学生也会像其他的实施者一样有意或无意地通过言语攻击、图片恶搞等形式对受害者施加影响，大学生很容易依据偏激心理实施各种行动，这种偏激的心理和行为也会对大学生自身的人生态度、行事态度产生恶劣的影响，如果大学生在学校期间就有了网络暴力

① 刘国君 . 大学生对网络暴力认知探析 [J]. 广州广播电视大学学报，2018，18（1）：44-47.

的经历，等其走向社会，更容易比那些没有类似经历的学生做出更多有违道德、法律的行为。

2. 网络暴力实施者的行为偏差

网络暴力虽然是在网络虚拟社会发生，但也是实实在在的行为，大学生做出网络暴力行为时，自身的行为就已经发生了偏差。无论是大学生个人遭遇了网络暴力还是成为网络暴力的实施者，都可能使网络暴力的思维方式和实践行为再延伸到自身的现实生活中。

在汹涌的网络暴力舆论中，很多大学生不满足于简单的“语言攻击”带来的情感宣泄或“道德指摘”，而是对受害者穷追猛打，甚至对受害者进行现实的攻击和骚扰。大学生课程紧张、社会生活和业余生活也较为单调，容易积累各种不良情绪。在网络暴力的过程中，大学生获得的情感宣泄和行为快感可能延伸到现实中来，影响正常的同学关系、朋友关系、师生关系等现实的人际交往关系。

3. 网络暴力实施者的多重意识丧失

大学生是网络社会中的一员，也是现实社会中的一员，理应树立自己的责任意识、道德法律意识和公民意识，但是在网络暴力行为中，实施者自身的思想和行为无疑与之产生冲突。自身所处的网络社会中出现网络暴力现象时，大学生应该有强烈的责任意识劝诫其他网民采用正确、理性、文明的方式来看待网络事件，而不应简单地谩骂、攻击，至少自己应该有责任意识不参与网络暴力行为。某种程度上说，对网络暴力的沉默，实际上变相助长了网络暴力的嚣张气焰。

“无规矩不成方圆”，网络暴力行为更多还需要道德和法律意识的制约，在道德法律的约束下，人们才能够形成良好的行为习惯。道德影响着人们对现实社会和网络社会中的认知，法律限定着人们行为的底线，都具有引导功能。网络暴力则是与正确的道德意识和法律意识背道而驰的。网络暴力中的谩骂、盗取和曝光个人隐私信息等行为不但违背了道德良俗，甚至会触犯法律。道德意识和法律意识的淡化，一方面使得大学生对网络暴力事件和行为采取无所谓甚至纵容的态度；另一方面也使得大学生更容易成为网络暴力的实施者。

公民意识是指公民对自己在国家中地位的自我认识，主要涉及公民自身的权利与义务关系。作为公民，每一个人都有在网络上发表言论的自由，这是法律赋予公民的权利；但是公民在网络表达时也应该遵守法律的规定，这是法律对公民的义务要求。网络表达自由是有限制的自由，大多数的大学生有基本的公民意识，能正确处理自身在网络上的言行，但是受网络暴力行为的不良影响，大学生的这种公民意识会遭到削弱。

（三）网络暴力对网络社会的危害

随着网络的快速发展，网络个体与网络社会的联系越来越紧密。网络文化的健康与否、网络行为的规范与否，直接影响着网络社会的安定，影响着网络社会的发展进程。健康向上的网络文化是网络社会健康发展的助推器，而不良的网络文化则是网络社会发展的绊脚石，网络暴力文化无疑属于不良的网络文化代表。

网络暴力实施者的恶搞、造谣、辱骂、人身攻击等不仅有违网络社会道德，给受害者带来许多伤害，其所构建的网络文化也充满了暴虐之气，把良好的社会道德与网络行为相割裂。某种程度上说，网络暴力文化和黄赌毒文化、庸俗文化等一样，都会对网络社会造成巨大冲击。

1. 网络道德的混乱

网络世界中，网络个体的行为正当与否主要依赖于个体的道德自律，即将社会公认的道德规范内化为自身的网络行动，把对社会规范的认同变成内心自律。网络社会里每个个体的道德自律水平在很大程度上反映了网络社会的整体道德水平。只有网络个体自律道德水平越高，整个网络社会的道德文明水平才越高。

网络暴力自然反映出实施者的道德水平不高，同时也反映出网络生态中道德建设的一些问题。大学生作为社会高知分子，其道德水平本应高于社会一般水准，一旦其做出网络暴力行为，意味着其道德选择和道德判断出现了偏差，映射到网络社会，也会导致网络社会的舆论哗然，进一步刺激网络社会的道德滑坡。大学生网络暴力中那些极端道德情感、错误的网络行为不仅阻碍大学生自身的发展，也会导致整个网络社会充斥着传递错误的道德认知，侵蚀整个网络社会的道德文明意识。

2. 网络社会的信任危机

现实生活中人与人之间的交往大都是“面对面”现实进行，主体和客体相熟，具有很多现实的人际关系和利益纠葛，能够秉持基本的社会信任规则。现实社会中，个体以一定的“社会角色”为基础进行交往，这种现实角色本身就是信任形成的一种保障和制约。

在网络社会中的交往，则打破了“熟人环境”和“社会角色”的身份限制，人与人之间的身份相互隐藏。彼此之间的角色难以确认，因此彼此之间的“信任基础”本身就非常脆弱。

网络暴力肆无忌惮地人肉搜索、传播谣言、恶意攻击等行为，更加摧毁了本就脆弱的网络社会信任。

网络暴力增加网络交往的信任复杂性。网络暴力使得网络上充斥着大量真假难辨的网络信息、激烈的网络声音，因此，整个网络社会的情绪也缺乏彼此真诚的基础。甚至某些利益团体或者个体为自身的特定利益故意带“节奏”搅局，通过破坏人与人之间的信任关系来浑水摸鱼。在网络暴力的冲击下，网络信息会或多或少地失真，网络声音或多或少地难以正常沟通，导致网络个体彼此警惕和互相攻讦。

大学生的思维还在不断成熟的阶段，面对真假难辨的网络信息和嘈杂的网络声音时，缺少足够的分辨能力，一方面容易被表面化的信息和声音所迷惑，因为轻信他人而导致自身受到伤害；另一方面则由于过度缺乏信任而四处出击，成为网络暴力的施暴者。由于网络信息在大学生群体中的传播具有不确定性，大学生自身对信息的信任度自然具有很大的波动性。当大学生无论是成为网络暴力的施暴者，还是成为网络暴力的受害者，自身对网络信息的不信任也会映射到网络社会上，加重了网络社会信任危机。

3. 网络环境受到污染

网络暴力极大地破坏和污染了网络环境，那些与正常网络生态不和谐的谩骂、诋毁等混乱行为，让受害者置身于虚假而混乱的“网络道德审判”下，网络暴力严重污染了大学生所在的网络环境。习近平总书记早就指出，“要把握好网上舆论引导的时、度、效，使网络空间清朗起来”[①]。网络暴力使得网络中充斥着大量辱骂性文字、图片乃至视频，保留着大量他人的隐私信息，破坏着网络环境，网络社会亟须净化。

---

① 习近平：创新改进网上宣传把握网上舆论引导的时度效 [EB/OL].（2014-02-28）[2023-05-01].http：//www.cac.gov.cn/2014-02/28/c_126205895.htm.

显然，网络暴力破坏了网络社会的清朗环境。在网络暴力事件中，陷入“群体狂欢”的一些网民或自发或有组织地聚集在一起，宣扬某些不良的社会舆论和偏激的社会观点。这些不良的舆论和观点严重干扰了网络环境。

（四）网络暴力对社会秩序的影响

在现实生活中，网民置身于明确的社会关系所形成的社会秩序中，无论是道德、法律还是实际的人际环境，都能切实地制约个体的行为，“尚德谨行、遵纪守法”是绝大多数公民的选择，但一旦进入匿名化、开放的网络空间中，自身的行为往往表现出强烈的非理性和随意性。而且网络公共环境中，不同阶层、不同素质的网民的混合程度要远远大于现实社会，网络人员的复杂局面极易导致群体的混乱，网络社会的不稳定也映射到现实社会中，扰乱社会秩序。

1. 网络暴力在现实社会中蔓延

网络社会中的暴力行为最终会转嫁到现实中，在模仿机制下，这些网络暴力行为也向现实生活的蔓延。网络暴力实施者习惯于在网上宣泄情绪、肆意攻击后，这种状态自然也容易延伸到现实生活中继续进行骚扰、攻击的行为。与此同时，网络暴力行为对受害者的现实生活的影响是实实在在的，对实施者的现实生活影响也是实实在在的。网络上的“暴力”行为在现实交往中展现出来，也自然导致现实社会中个人冲突增加。

人们过多地接触网络暴力的事件，自然会受到其影响，长期在网络暴力中浸淫，人们的情感上容易变得麻木，思想上变得偏激，行为上变得随意。虽然网络社会与现实社会有着巨大区别，但是道德观念和行为规范上本质上具有同一性。在网络社会中人的行为自然更加自由，其思想观念和行为也较为随意，但是在同一性下，网络中的个人还原到现实社会时要遵守现实的道德和法律等规范。人们在网络社会中的暴力行为影响下，形成网络情感、观点、价值观，这些因素必定影响人们在现实社会中的行为。

大学生是网络社会与现实社会中的特殊群体，其身心特点和身份的特殊性，一旦接触到网络暴力会加剧暴力在现实生活影响中的蔓延。一方面，大学生身心发展还不够成熟，思想观念还不够不稳定，在网络暴力中积攒的负面的情绪、激进做事方式容易在现实生活中外化，从而其自身在现实生活中容易出现情绪激动、思想偏激、行为粗暴等现象；另一方面，大学生的网络暴力行为增加了社会的不安全因素，大学生群体一批批地进入社会工作，在大学时代受网络暴力积累的不良思想和行为也会带入到社会现实。从大学到社会，导致网络暴力行为在现实社会蔓延。

2. 影响社会和谐

从人们直观的印象来看，网络暴力行为会直接影响与身边亲朋好友的关系，比如，长期接触网络暴力，自身在日常生活中会大幅度增加辱骂性语言，以此类推，网络暴力自然会影响社会和谐。

在虚拟网络环境中，网络暴力中的不良言论和行为快速而广泛地传播，渗透到现实社会中，形成网络舆论与社会舆论叠加的现象，甚至引发影响社会秩序的大规模事件。大学生自我控制能力较弱，受网络非理性、情感化环境的影响，将网络暴力带入现实中，自觉不自觉地转化为现实暴力，不利于和谐社会和文明社会的建设。

网络暴力可能会导致社会不稳定，破坏社会和谐，危及社会的稳定和安全。在网络环境中，众多网民在点击、围观过程中，很容易受网络暴力负面情绪的影响。网络中网民在网络意见领袖的影响下，一哄而上，忽略道德和法律的约束。

网络暴力转移到线下，受害者不堪忍受双重的伤害选择轻生，引发一些类似现实中的民事甚至刑事责任。网络暴力中网民的“网络道德审判”，也能够形成巨大的舆论影响力，影响社会公共舆论的认知和判断，也对执法人员形成无形的压力，干扰侦查和司法执行。

2022 年的热点事件“胡鑫宇失踪案”中，网络暴力对其所在上饶市铅山县致远中学和当地辛勤搜索警民的无端指责，严重干扰了事件的进程，甚至再次发酵了子虚乌有的“贩卖器官”的社会舆论。在一些事件中，一些自媒体为了流量博人眼球，肆意造谣和攻击，多人也因此受到法律制裁。例如，网民黎 ×× 编造“胡鑫宇被老师失手杀死”“光头老师删除监控视频”等谣言，被依法行政拘留；再如，网民刘 ×× 编造“光头强，校长均被带走，一锅端了”等谣言，也被依法行政拘留并处罚款。甚至在胡鑫宇遗体被找到，侦查结论确凿无疑地证明其死于自杀后，一些别有用心的人仍然肆意编造谎言，攻击当地警察和司法机关。

3. 网络暴力阻碍社会主义精神文明建设

随着网络的发展，网络平台成为表达思想观念的重要场所，网络社会也升为现实社会的缩影。一个社会的文明程度不仅从现实社会中判断，也可以通过网络社会的文明程度来反映。整体来说，我国的网络社会和现实社会一致，充满了社会主义文明的繁荣气息，社会主义核心价值观也是网络社会的主导价值观。但是网络社会也不乏网络道德失范、网络暴力等一系列问题，尤其此起彼伏的网络暴力严重侵蚀着网络社会风气，对社会精神文明建设产生严重的不良影响。

“网络暴力”作为一个社会现象日益凸显，“网络暴力”的解决，不仅关系到网络自身的健康发展和良好网络秩序的建立，也关系到社会的和谐与稳定。[①] 而社会的和谐与稳定是社会文明的重要表现。大学生的网络暴力行为混淆了社会主义道德判断标准，也被动地接受网络暴力所挟裹的错误价值观；同时以极端的方式表达自己的思想观念，严重影响着社会精神文明面貌。

习近平总书记在全国宣传思想工作会议上的讲话中指出：“当前，社会上思想活跃、观念碰撞，互联网等新技术新媒介日新月异，我们要审时度势、因势利导，创新内容和载体，改进方式和方法，使精神文明建设始终充满生机活力。”[②] 这一论断洞察了观念碰撞下网络道德失范、网络暴力等一些问题引发的社会主义精神文明建设困难和解决之道。

① 郭佳辛 . 新媒体环境下网络暴力危害及治理思考 [J]. 西部广播电视，2018（8）：53.

② 人民日报 . 习近平：人民有信仰民族有希望国家有力量锲而不舍抓好社会主义精神文明建　设 [EB/OL].（2015-03-01）[2023-05-01].http：//politics.people.com.cn/n/2015/0301/c1024-26614490.html.

第五章　大学生网络文化安全问题

一、网络泛文化安全领域

网络文化对人们的社会生产和日常学习生活等有着深远影响。一方面，网络文化对经济的发展、文化的传播、社会发展有着积极的作用；另一方面，庸俗、媚俗等的网络文化传播着消极不良的价值观念，动摇社会主义主流价值观，甚至诱发各种网络犯罪。

在网络文化安全中，网络是文化的传播基础，文化是传播内容的主体，网络安全是最终目标。目前我国网络文化安全面临着政治文化安全、民族传统文化安全、社会娱乐文化安全三大挑战，尤其西方多元文化展开的潜移默化地渗透已经涵盖三大挑战领域。我们必须从战略高度，全面认识国家文化安全的战略地位。

文化无小事，尤其西方国家借“输出文化”的方式，宣扬“普世价值”“泛自由主义”等的西方意识形态，宣扬拜金主义、享乐主义、极端个人主义等不良价值观，对我国社会文化和社会稳定造成冲击。

全球化过程中各国间文化交流日益频繁，外来庸俗、腐朽文化不可避免地流入我国，造成一些不可控的潜在不良影响。大学具有较高的知识文化水平，能够更容易、更直接地接触到各种各样的外来文化，而大学生正处于三观养成的重要阶段，网络文化中的不良内容也容易对其产生不良的思想意识渗透。

“为学生一生成长奠定科学的思想基础”是习近平总书记在全国高校思想政治工作会议上提出的要求，明确了高校思想政治工作的目标任务。[①] 因此，在此基础上，我们必须加强对大学生网络文化安全教育。然而，由于受网络文化的冲击、网络安全教育师资力量缺失、大学生网络文化素养的丧失等问题的影响，大学生网络文化安全教育面临着大量困难。在剖析产生这些问题的原因基础上，我们应该加强对大学生的价值观、行为方式、思想观念、文化风貌等方面的教育和引导，使得端正对网络文化的认知，维护网络文化安全。

（一）网络文化安全面临的主要问题

互联网深刻地影响着国民的生活，随着互联网影响力的提升，网络空间巨量的信息和内容交互，已经形成和现实世界一样复杂的文化场域。不仅如此，世界文化在网络空间相互碰撞、融合，网络文化向多元化方向发展。网络文化作为网络发展的衍生品，也是网络世界和现实世界相融合的产物。与传统文化的生产、传播和沉淀模式相比，网络文化具有产出速度快、传播速度快、影响范围大、价值波动大等自身特点。网络文化的快速触达效应，可以促进经济的发展、文化的传播，满足人们日

① 戴冰.为大学生终身发展奠定科学的思想基础[EB/OL].(2017-04-24)[2023-05-01].http://theory.people.com.cn/n1/2017/0424/c40531-29230305.html.

益增长的精神文化需求，但是网络文化也不可避免地带来负效应，引发一系列网络文化安全问题。

网络文化安全隶属于广义文化安全的范畴，网络在社会中的权重越来越高、影响越来越大，让网络文化安全成为近年来国家和社会重点关注的问题。网络文化安全涉及政治文化、民族文化、社会娱乐文化等多层次文化内容，自身也涉及经济、政治、军事、文化和社会稳定等众多领域。

1. 网络文化对传统文化的冲击

传统文化尤其优秀的传统文化经过了漫长历史的“披沙拣金”，经受住了历史和社会认知的考验，这些精华部分对我们的社会发展、社会认知、精神文化享受等具有不可替代的重要作用。网络文化诞生时间短、内容良莠不齐，更多是凭借热点话题、热点事件形成的博人眼球的内容，或者是过分注重娱乐效应的消遣文化内容。过分沉迷网络文化阻碍了人们对传统文化的传承和创新，进而影响到对优良传统道德的认同感和社会道德法律秩序的稳定。

互联网尤其移动互联网的发展，将人们接受信息、接受文化的途径最大限度地汇集到手机、电脑为代表的载体上。虽然传统文化在与网络文化的融合过程中，自身也接触网络实现了更大范围的传媒，甚至在形式和内容上推陈出新以适应网络的发展；但是受地域和时空的限制，传统文化的网络传播还是受到很大制约，即使通过网络传播，也很容易被网上大量迅速更迭的网络文化所淹没。

网络文化讲究“快、简、新”，来吸引网民的关注，信息量大而广，虽然上至天文、下至地理，满足人们从学习、生活、工作、娱乐的多方位需求，但是其大多缺乏文化积淀的基础，缺乏较高层次的精神文化所具有的内容特质。尤为值得注意的是，受网络文化的影响，文化焦躁与文化泛娱乐交织在一起，人们对文化价值的追求大幅下降，也丢失了一些传统文化背后所反映的优良品德（比如，勤俭节约、诚实守信、严己宽人、自强不息等）的追求。网络文化营造出的“暴富”“贪图享受”等不良社会心理带来影响了人们正确的价值追求。

道路自信、理论自信、制度自信、文化自信中，文化自信首先就要确保传统文化世代传承，为实现中华民族伟大“中国梦”提供不竭的精神动力和文化支持。虽然网络文化给传统文化带来了巨大冲击，但是我们更应该看到网络化不可逆转的趋势，如果能借助网络平台的载体和传播优势，实现网络文化与传统文化的有机结合，实现两者的高效融合，就能够为传统文化的传承与发展开辟出更广阔的道路。

2. 网络文化对中国特色社会主义文化的冲击

我国是中国特色社会主义国家，社会主义革命和建设历史经验告诉我们，只有始终高举中国特色社会主义文化的伟大旗帜，才能保持社会主义社会的文化根基和正确的思想指南，避免社会主义建设走入歧途。多元文化在网络空间中纷繁呈现，一方面为人们提供了丰富的文化盛宴；另一方面也冲击着中国特色社会主义文化的主导地位。庸俗的、媚俗的不良网络文化消磨着人们的价值观，干扰人们对社会主义伟大建设事业的认知。

网络文化安全不仅关乎网络环境的健康稳定有序，更关乎中国特色社会主义文化的整体事业。随着网络时代的到来，西方国家凭借自身的网络传媒，对我国进行文化输入和文化渗透，不断向中国输入资本主义价值观念，传播“拜金主义、享乐主义、极端个人主义”的庸俗文化，并借其所谓的“普世价值、文明等级论”等理论，攻击我国社会主义文化的先进性和优越性。一些受西方不良思想腐蚀的“意见领袖”，利用自己的网络影响力来为各种腐朽文化当“喇叭”，对西方文化言必称赞，对中国社会主义文化冷嘲热讽，腐蚀人们的心灵，扭曲人们的价值观念，破坏人们对我国特色社会主义文化建设事业的认同。网络参与者们往往没有足够的心智分辨这种行为背后的险恶用心，因为其对网络社会认同感的追求“往往不是完全理性、自我驱动的，而是充满了盲从心理，在群体其他成员的驱动下诱发更多非理性行为”[①]。长此以往，必然会阻碍我国社会主义文化事业的建设和社会的发展进步，

3. 网络文化对网络社会舆论的冲击

网络尤其移动互联网技术的成熟，给自媒体的发展创造了巨大空间，不仅打破了传统媒体个体自我展示的载体和时空限制，也使得个体通过网络信息传播的“放大效应”成为网络文化的符号代表。个体在自我包装后纷纷贴上“文化”的标签，将各种庸俗媚俗和错误的言论当成某种文化来四处散播，严重影响了我国的网络社会稳定，甚至造成现实社会中的不良影响。

最常见的就是一些人打着“西方自由文化”的旗帜，高举自我优越的牌子，歪曲事实、扭曲历史，在网络空间发表一些似是而非、恶意曲解的观点。这些言论站在所谓的道德制高点对我国说三道四、不断攻击，挑起网络社会的愤怒、恐惧等负面情绪，煽动舆论冲突和群体对立，对

① 肖盼 . 基金饭圈化：网络传播时代的非理性狂欢 [J]. 新媒体研究，2021，7（8）：88-90.

网络社会舆论和社会秩序稳定造成消极影响。

西方的媒体往往借助国家主权、人权等政治类话题，政府、官员、官方媒体、非政府组织等纷纷以公开言论来攻击我国的政治经济文化、攻击我们的主流意识形态。例如，“H&M 碰瓷新疆棉”事件，就是境外势力通过外企、非政府组织，借其所谓的“人权文化”“普世价值”来炒作新疆问题，用荒唐可笑的理由抵制“新疆棉”来达到自己文化渗透和舆论破坏目的。常见的还有利用“女权文化”来制造“性别对立”，诋毁我国女性社会地位现状；利用社会突发事件，宣扬“无政府主义”，制造群体对立，激化社会矛盾；利用“西方节日文化”攻击我国传统文化，塑造所谓西方文化的优越性，攻击我们的文化舆论。

4. 网络文化对大众认知的误导

在自媒体蓬勃发展的背景下，一些专业知识并不“达标”或者认知水平有所欠缺的博主，成为聚集了许多粉丝的“意见领袖”，其言论对自己粉丝有较大的影响力和号召力，一旦其发表了错误言论或者宣扬了错误知识，在互联网的急速裂变式传播中，会产生恶劣的社会影响。

旅游博主、教授、作家、科普研究者、行业专家等大量意见领袖和“大 V”，借助互联网平台，通过直播、文章、图片、音频视频等，拉近了与普通受众的距离，能够实现实时送达。他们往往受过高等教育，具有丰富知识和专业素养，自带“文化、权威”光环，在互联网上具有深刻的影响力。他们在宣传文化知识、传播社会认知上做出了自己的贡献。但是一旦其受时间限制，认知不足等影响，内容输出质量并不高，甚至错误百出，会对大众造成错误引导。更有甚者，一些西方势力通过资本攻势、意识形态渗透等，收买有影响力的自媒体创作者为其卖命，通过科普或文化知识输出，以及知识型、科普型社交问答等，通过挖掘中国网民常识中不太涉及的细节，用片面的信息或者观点来宣传对中国充满偏见和诋毁的观念。比如，一些科普类自媒体账号借“中国吃海鲜最多”来攻击我国饮食文化，攻击我们破坏生态环境。我国每年大约消费 6500 万吨海鲜中，只有约 1500 万吨是来自野生捕捞，其余 5000 万吨都是来自水产养殖（这一点攻击者却鲜有提及）。作为对比，像日本、欧美等海鲜消费大国却正好相反，消费的海鲜绝大多数来自野生捕捞（这一点被这些自媒体选择性忽视）。

2023 年 3 月，火爆网络的“利奥宁州（LIAONING，即辽宁的汉语拼音）达利安（DALIAN，即大连的汉语拼音）造船厂一坞五舰”的“钓鱼贴”，使得众多“大 V”甚至反华势力纷纷上钩，露出其恶意引导大众的丑恶嘴脸。其宣扬的“美国达利安造船厂，一坞同建五艘盾舰，世界上能打败美国一半海军的只有另一半美国海军。正视差距，继续努力，切莫盲目自信，任重道远”等类似观念，大肆吹捧美国造舰能力，诋毁我国海军建设。“钓鱼贴”的内容很容易就能够看出图片中的地点是我国大连造船厂，而且“钓鱼者”留下了非常明显的“钓鱼”痕迹，众多“大 V”和反华势力纷纷上钩，以专家、意见领袖的文化优越心态，试图“树立他国优越形象，贬低中国形象”，可见其恶意引导大众的意识多么强烈。

（二）大学生网络文化安全教育的主要问题

前文重点分析了网络文化安全面临的主要问题，网络文化问题事关国家和社会，受到党和国家的重视。国家相关机构通过不断加强互联网内容建设，建立网络综合监管和治理体系，我国的网络文化安全形势基本形势总体向好。虽然网络上仍存在一些庸俗、低俗、媚俗的信息内容和不良行为，但是网络正能量不断增加，一直守护着网络的主阵地，全社会形成弘扬真善美文化的大趋势。经过多年“网络文化”的洗礼，网民也趋于理性，但就像前文分析，网络安全依然面临着许多现实问题。

这些现实问题也同样适用于高校领域。相对于社会领域的国家监管和社会治理保障，在学校领域，能够通过广泛而系统的网络文化安全教育，来提升大学生的网络安全意识。本书就高校网络安全教育的现状进行分析。

在网络多元文化的冲击下，网络空间呈现出商业化、娱乐化、媚俗化过度滋长的现象。第一，“真相未知，谣言先行”；第二，感性战胜理性，肆意输出不理智的言论；第三，网络群体极端化，“意见领袖迷信”效应膨胀。在此情况下，大学生在网络社会中很容易出现认知迷失，进而需要学校教育的保障。

1. 网络文化庞杂内容对学习效率的冲击

互联网时代，网络上每天都在产生和传播大量的信息内容，人人都可能成为网络文化的发布者、参与者，但是由于网络文化的来源——发布者的文化素质及认知水平参差不齐，尤其数量巨大的自媒体文化素质参差不齐，导致网络文化内容十分驳杂。好的网络文化内容能够展现中华传统优秀文化之美，呈现社会主义当代文化的繁荣面貌，宣扬社会主义核心价值观等；而不良的网络文化内容则夹带封建迷信、资本主义腐朽观念，宣扬低俗、媚俗的生活理念和价值观、恶意引导人们的社会认知等。

当前，我国高校网络教学资源十分丰富，但是真正符合大学生网络文化安全教育的内容比较少。由于缺乏从网络文化庞杂内容实际出发、紧跟互联网时代变化的教学资源，导致学生在面对网络文化时难以获得针对性的理论指导或学习案例，学习效率较为低下。大学生在复杂的网络文化环境中，在汪洋般的网络信息海潮中，难以把握明确的学习目的，自主学习效果往往不佳。

2. 多元文化对大学生价值观的冲击

多元文化对网络社会舆论和社会认知的不良影响，自然也出现在大学生的网络使用场景中，它极大影响了大学生正确价值观的形成。第一，网络上“泛自由主义、历史虚无主义、无政府主义”等甚嚣尘上，利用大学生渴望自由与独立的心理，打着所谓“真正理性”的幌子，颠覆大学生的历史观、政治观；第二，网络上充斥着庸俗、媚俗的文化和价值观念，妨碍了大学生养成正确的世界观、人生观和价值观；第三，网络上的网络暴力、网络色情等不良文化，对大学生身心的健康成长产生严重的不良影响，影响大学生正确人际观、交往观的形成。

此外，多元文化或明或暗所营造的错误舆论导向，严重误导了大学生对社会事件或者网络热点的理性判断。一旦某些热点事件突然在网络走红，夸张、曲解甚至捏造的众多噱头理论吸引着网民的目光，引发舆论风暴，甚至进行恶意炒作。这种行为可能造成包括大学生在内的网民对主流媒体的不信任、对主流价值观的排斥。大学生进入校园后，其与网络的联系相较高中时期更加紧密，自身有投身网络的更大主动性。在内外因素的双重作用下，高校对其的教育在某种程度上失去了部分掌控力。一旦大学生在多元文化冲击下发生价值观偏差，大学生先入为主的

“错误价值观”将给高校的网络文化安全教育带来巨大挑战。

3. 教师力量的不足和教育内容的欠缺

具体到高校网络文化安全教育本身，当前我国高校在此方面的教育方式较为落后，教育内容的更新也不够及时与丰富。当前高校网络文化安全教育大部分挂在思想政治教育之中，但思想政治教育更偏重政治层面的意识形态安全、历史层次的唯物主义历史观、文化层次的社会主义文化建设等方面。网络文化及网络文化安全仅是其非常小的部分内容，难以满足文化安全教育的要求。

专业的网络文化安全教育教师缺乏，自然导致系统、科学的网络文化安全教育课程的缺乏，进而导致教育效果缺乏针对性、实用性，效果不尽如人意。然而，网络文化安全事关国家文化安全和社会稳定，理应受到更广泛的关注和更有针对性的教育安排。传统的几场宣讲式的教育并不能弥补专业教师缺乏和专业课程欠缺的不足，甚至许多高校没有开展网络文化安全相关教育。

4. 大学生网络文化素养的丧失

作为在互联网中成长的一代，当前大学生对网络具有天然的亲和态度，甚至将大部分的业余生活时间消耗在互联网上，大大压缩了自身多维度课外学习及素质提高时间，甚至大学中“逃课、旷课”成为常见的不良风气。在无节制使用网络过程中，大学生极易受不良网络文化的影响，思想观念出现偏差，甚至发生众多网络失范行为。

当前，一些大学生长期沉迷网络，开放的网络本身具有很多不可控性，在好奇心驱使下，一些大学生长期浸淫不良网络文化，与制造、传播不良网络文化者进行交流，在这个过程中，大学生自身的网络文化素养逐渐丧失。比如，热衷历史虚无主义的大学生，很容易被境内外某些“有心人士”关注。他们向这些大学生主动输出宣传西方所谓“自由文化”，一些大学生架不住这种文化炮弹的攻击，在网络文化素养丧失的泥潭中越陷越深。当某些大学生网络文化素养丧失后，他们在网络文化安全教育中容易产生抵触情绪，使得网络文化安全教育落地面临诸多困难。

（三）大学生网络文化安全教育问题成因

李超民提出：“我国网络文化安全问题主要表现在渗透性、变异性、侵害性、腐蚀性及破坏性等方面，究其根源是网络文化安全治理理念缺乏更新、网民网络安全意识淡薄、网络文化综合治理效率低、网络安全法治体系不健全以及网络安全技术落后。[①]”其观点对笔者探究大学生网络文化安全教育问题成因带来启发。解决大学生网络文化安全教育问题，首先就要研究其成因。总体而言，大学生网络安全教育面临的问题是诸多内外因综合作用的结果，笔者将从内外因、宏观与微观结合的角度展开分析。

社会负面影响导致大学生网络心理失衡正如麦克卢汉所说，媒介是人的延伸。现实社会中正在发生的转变也会直接或间接地影响网络文化的发展走向。例如，网民将互联网渠道视为表达观点的意见渠道和发泄情绪的唯一渠道，现实中非理性心理将会从网络舆论中反映出来，并且借助网络平台人人都有的“麦克风”和社群化的发言机制（如QQ群、微信群、论坛等）产生集群负效应。不同地区、不同收入等级、不同家

① 李超民．建设网络文化安全综合治理体系 [J]. 晋阳学刊，2019（1）：13.

境的学生共同组成了高校网络用户群体，社会负面影响不可避免地影响到高校大学生，导致大学生社会心理失衡，引发网络文化安全问题。

1. 互联网技术水平的限制

从前文分析中可见，网络文化安全面临的一大挑战就是多元文化，尤其庸俗、消极、腐朽的网络文化产品的冲击。这些网络文化产品组成的“文化垃圾”像潮水一般涌入我国，严重妨碍了我国网络文化产业市场的正常发展，也给我国的网络文化安全带来了巨大隐患。

维护我国的网络文化安全，首先就要抵御这些文化垃圾的入侵，这就涉及无形的网络防火墙的建设与管理。虽然我国常年开展“净网工程”工作，网信办、工信部等部门也为从技术与管理相结合的综合网络监管手段入手，为维护网络安全做出了巨大努力。但是，由于网络技术发展基础的差异，我国的网络相关安全技术水平与西方发达国家相比，仍然存在较大差距，网络基础安全设施仍有较大不足，这是我国在互联网信息技术发展上一个不争的事实。以主要用来管理互联网的主目录“根服务器”为例，全世界只有 13 台，其中，1 个为主根服务器在美国；其余 12 个均为辅根服务器，9 个在美国，2 个在欧洲（英国和瑞典），1 个在亚洲（日本）。如此重要的网络基础设施我国没有一台，这就使得我们在互联网安全斗争中处于劣势地位。再如，每年我国所面临的境外黑客攻击数量惊人，其中不乏国外政府、机构等有组织性的攻击行为。据《中国青年报》2021 年 12 月 22 日报道：中国每年遭境外恶意网络攻击超 200 万次。①

① 中国青年报．中国每年遭境外恶意网络攻击超 200 万次 [EB/OL].（2021-10-22）[2023-05-01].https：//baijiahao.baidu.com/s?id=1714283707674591053&wfr=spider&for=pc.

网络技术水平和网络基础设施的不足，也必然会全域性影响我们网络安全防火墙建设，增大了网络监管的难度，阻止西方文化垃圾侵入面临着巨大困难。维护我国网络文化系统的安全稳定，必然要求我们不断发展与之相匹配的网络技术水平，不断建设网络基础设施尤其根服务器等代表的核心设施的建设。

如今，我国的网络技术也取得了长足的进步，在网络空间安全技术研发上也取得了比较瞩目的成绩。比如，我国的5G通信技术走在了世界前列，西方势力不惜采取限制我们科技产品输出、对我国科技公司进行不正当打压，甚至以“间谍”名义驱逐、逮捕技术人员。这些卑劣的行径，恰恰说明了境外势力对我国网络技术发展的恐惧。我们更应该有足够的信心和能力去进一步发展我们的网络技术，来和维护我国的网络安全。

2. 网络文化安全教育环境有待改善

环境对于人的影响是巨大的，网络文化安全教育依赖于整个教育环境尤其是高校教育环境的构建。处于身心大幅成长阶段的大学生，其知识认知和理性判断具有很大的不稳定性，需要良好的环境来保驾护航。在高校环境中，学校应该重视网络文化安全环境建设，采取及时有效的措施来提升大学生的网络文化安全意识。

然而，当前高校对大学生网络文化安全教育工作的重视程度有所欠缺，甚至一些高校没有相关教育内容。许多学校过度关注“高就业率”和“高深造率”，教育内容功利化倾向明显，对于大学生的网络行为、思想动态及做事行为等缺乏关注，对大学生在网络上的文化活动缺乏必要的宏观指导，对大学生的网络文化安全意识和实用网络技术的培养也有所滞后。高等教育肩负着培养全面发展的社会主义事业建设者和接班人的重大任务，而实现大学生的全面发展，不应该只重视学生的专业发展，还需要其他方面的辅助教育内容。面对庸俗、异端等不良文化对网络主流文化的蚕食，当代大学生也正在逐步认识到网络文化安全的重要性，在一些热点事件中，大学生也积极投身于不良舆论的斗争中，显示出其自身网络文化素养和网络安全意识的提升。

在互联网与人们学习、工作、生活日益紧密的当下，网络文化安全对一个人的成长和全面发展来说非常重要。一些高校只是在思想政治教育中简单将网络文化安全教育“三言两语”带过，甚至简单地只重视技术层面的安全，没有网络文化安全的意识，而将网络安全职责只归于网信中心。学校网信中心工作人员一般在技术管理与维护上具有优势，但是其基本不直接面向学生，也缺乏教学经验与实践基础，无法在网络的“文化安全”上做出系统的教育性实践。

高校对大学生网络安全教育重视程度不够自然会引发在网络安全管理的诸多问题，对网络舆情管理仍需要进一步优化。在复杂的社会热点面前，大学生群体容易受到不良社会舆论的影响而在网络上推波助澜。学校在监控校园舆论舆情时，经常采用声明、公告、警告等方式来“堵”，忽视了文化传播机制下应有的内容和信息指导，粗暴的禁止态度反而更容易引发学生的逆反心理。高校缺乏活力的舆情预警及引导机制，严重影响了高校思想政治教育工作的质量。

3. 大学生自身网络文化素养有待提升

无论是高校自身的教学实践，还是大学生本身的主动学习，应对复杂的网络生态均存在一定的不足，这种不足反映在大学生身上的鲜明表现就是其网络文化素养有待提升。面对鱼龙混杂的网络内容和信息，大学生的辨别能力有所不足，但又抱有朴素的正义感，这种特征经常被别有用心的人所利用，通过似是而非的文化内容、混淆视听的信息蓄意煽动、诱导大学生。

丰富多彩的贴着“异域”“国外”“西方”标签的文化内容，迎合了大学生的好奇心理。如果大学生自身的网络文化素养不足以支撑分辨网络文化内容的好坏，往往导致其在冲动下做出非理性的抉择，甚至做出违背网络道德和准则的行为。对此，大学生也有较为清醒的自我认知。据和晋的问卷调查，在问及“对于大学生在网络中出现的不文明行为，您认为谁的责任最大”的问题时，55.03%的受访者认为，主要问题是大学生自身网络道德素养水平导致[①]。大学生提升自己的网络文化素养，应该以社会主义先进文化为指导，多接触优秀的传统文化、富有活力的时代文化，紧跟社会主流舆论旋律，努力投身先进网络文化中。

二、网络意识形态安全领域

网络文化安全问题进一步上升就会出现网络意识形态安全问题。网络意识形态是人类社会意识形态发展的新样态。网络意识形态不仅是传统意识形态在网络领域的延伸，也是一种针对具有强烈价值导向的意识观念。网络意识形态和传统意识形态都属于“上层建筑”范畴，根源于人们的社会活动实践，是人们在社会活动而形成的各种意识的集中体现。

在当代互联网影响下，网络意识形态呈现出越来越多元化的趋势，其传播方式也冲破了传统的时空限制。而且由于互联网载体的数字化，

① 和晋．大学生网络文化安全教育研究 [D]. 成都：石油大学，2019.

意识形态在更多的内容上附着，潜移默化地影响着更多人，多元的网络意识形态的传播更为便捷和多样化。相较于传统的文本和语言为主要话语体系的传统意识形态，网络意识形态的载体形式更加灵活，在图像化时代里，各种极具冲击力和煽动性的视频、灵活的图文混合讲解，使得网络意识形态以更难以觉察的“平民姿态”深刻影响着网络中的每一个成员。网络具有虚拟性、隐蔽性、开放性等特点，在数字空间，网络意识形态斗争超越了传统意识形态以主权、制度斗争为主的面貌，逐渐扩大到政治、经济、社会、文化等领域。

总之，网络意识形态安全面临的环境更加复杂，斗争内容也更为广泛，这都为维护我国的网络意识形态安全带来了巨大挑战。

“互联网已经成为舆论斗争的主战场”，互联网集纳了多元文化、多元思潮，参与主体身份复杂，使得主流意识形态的社会共识感被日益稀释。能够维护住互联网战场的意识形态阵地，直接关系到我国社会主义意识形态安全、政权安全和社会稳定，其重要性不言而喻。具体到大学生网络意识形态安全领域，网络意识形态安全对维护高校网络意识形态阵地、创建和谐社会与和谐校园、维护大学生对社会主义祖国和建设认同、促进大学生全面发展等方面，发挥着不可替代的重要作用。

和大学生网络文化安全教育相似，大学生网络意识形态教育也面临着众多问题，出现这些问题的内外因素也十分复杂。总体来说，网络意识形态教育面临多样化和复杂化的局面，难度不断加大，如何有效防范网络意识形态面临的风险，维护好网络意识形态安全是一个需要重点研究的课题。

《中华人民共和国网络安全法》明确规定：“任何个人和组织使用网

络应当遵守宪法法律，遵守公共秩序，尊重社会公德，不得危害网络安全，不得利用网络从事危害国家安全、荣誉和利益，煽动颠覆国家政权、推翻社会主义制度，煽动分裂国家，破坏国家统一，宣扬恐怖主义、极端主义，宣扬民族仇恨、民族歧视，传播暴力、淫秽色情信息，编造、传播虚假信息扰乱经济秩序和社会秩序，以及危害他人名誉、隐私、知识产权和其他合法权益等活动。”为维护网络意识形态奠定了基调。网络意识形态安全事关国家意识形态安全大局，要想更好地维护网络意识形态安全局面，就要对网络主体展开全面而深入的网络意识形态安全教育。我国针对大学生的网络意识形态教育面临着各种问题，无论是多元意识形态对社会主义主流意识形态的冲击和挑战，还是部分高校对网络意识形态教育不够重视、大学生自身的网络意识形态安全意识欠缺等，都是亟待解决的问题。深入阐明大学生网络意识形态安全教育的相关理论，探索相关教育实践路径，对于筑牢网络意识形态安全防线有重大意义。

（一）网络意识形态教育的重要性

网络意识形态是国家意识形态的重要组成部分，与传统的意识形态安全对比而言，网络意识形态安全涉及国家是否能够对网络空间的主流意识形态实施有效治理的核心问题；涉及社会主义主流意识形态的领导权和话语权的核心问题。能否建设好、维护好网络意识形态安全，决定着我国网络空间意识形态的归属问题，影响着我们能否维护好我国的意识形态安全，影响着我国社会主义制度的稳定。

网络意识形态和网络文化安全面临的问题，有很大的交叉和相似性，这里不再展开赘述。意识形态安全工作是党和政府一项极为重要的工作，网络意识形态安全的重要性也就不言而喻。网络意识形态安全的核心在于在网络领域不受外来势力的影响、渗透，维护国家网络领域的安全、稳定能力。新时代对大学生进行网络意识形态安全教育，是国家网络意识形态工作的重要组成部分，也是高校思想政治教育的重要内容。

1. 保障国家总体安全

伴随着党的二十大胜利召开，中华民族开始日益迈向世界舞台的中央，实现完成中华民族伟大复兴目标、实现伟大的“中国梦”事业也进入重要阶段。但是这个阶段是国际反华势力极为猖獗、国内社会矛盾错综复杂的时期，意识形态领域的风险反而有所增加，境外反华势力每时每刻都妄图渗透我国意识形态领域，尤其注重在以青年大学生为主体的网络社会展开意识形态领域渗透与颠覆活动。如何在复杂多变的国内外环境和复杂的发展环境中，保障国家总体安全就成为关键问题。只有保障国家的总体安全，才能稳定民心，稳定中华民族社会主义意识形态和社会主义建设事业共识，从而激发全社会的巨大建设动能，实现中华民族伟大复兴。因此，加强总体国家安全观至关重要，“加强国家安全教育，增强全党全国人民国家安全意识，充分调动各方面积极性，推动全社会形成维护国家安全的强大合力”[①]。网络意识形态安全教育是国家安全教育的重要内容，强化对大学生的网络意识形态安全教育，引导其认清境外敌对势力的真实面目，引导其充分认识网络意识形态领域的严峻形势，对于深化大学生的社会责任意识，维护国家总体安全具有重要意义。

① 中共中央宣传部．习近平新时代中国特色社会主义思想学习纲要 [M]. 北京：学习出版社，人民出版社，2019：144.

西方国家利用自身的网络技术与网络话语权优势，在网络意识形态安全斗争中，通过多种渗透方式来改变其他国家的意识形态。网络意识形态安全也因此成为维护总体国家安全中的重要一环。西方势力通过网络攻势，输出西方的价值观念和意识形态、抹黑中国社会主义现代化建设、攻击社会主义制度等方式，企图混淆视听，使得民众对我国的社会主义意识形态产生怀疑。近年来，某些西方资本主义国家对当代中国大学生的思想渗透的行为一直没有停止，对大学生的思想造成一定不良影响，也对我国的政治安全、国家安全产生极大威胁。因此，必须有效地对其进行遏制，强化对大学生社会主义意识形态教育，使其自觉抵制西方网络渗透，维护国家安全。

2. 维护大学生对社会主义祖国和建设认同

互联网的开放性决定了其容易成为西方社会思潮的渗透的平台，也更容易成为反华势力分裂国家、攻击社会主义等的宣传平台。明确新时代网络意识形态安全教育的重要地位，对于引导大学生秉持社会主义意识形态具有重要作用。

大学生在网络上应该自觉抵制西方不良意识形态的渗透，主动维护我国主流意识形态，坚定社会主义信仰。然而仅靠大学生的“自觉”是远远不够的。网络上外部势力对我国社会主义制度的攻击，对我国社会主义建设成就的诋毁，对我国社会安全稳定总体局面的诽谤此起彼伏，大学生在耳濡目染后容易丧失对国家的认同感，对社会主义建设的巨大成就视而不见，陷入意识形态的混乱。

例如，在 2022 年“‘6・10’唐山烧烤店打人事件”中，西方媒体和舆论放大打人事件的结果，借这一偶然事件诋毁中国社会总体稳定，甚至罔顾我国安全系数超过西方绝大多数国家的事实。他们借此事件，编造大量谣言，在各网络平台上误导网民，企图扰乱我国网络环境，充分暴露了某些外部势力时刻想扰乱社会主义意识形态的丑恶嘴脸。

网络不仅是信息内容分享交流平台，还是国家间进行政治斗争和意识形态斗争的阵地。网络上所传播的大量“泛自由主义、无政府主义、历史虚无主义”等思想内容，以及大量攻击社会主义的内容和行为，很容易误导群众特别是以大学生为代表的青少年，使其价值观出现歪曲。

3. 巩固高校社会主义意识形态阵地的必然要求

党的十八大以来，以习近平同志为核心的党中央把文化建设提升到一个新的历史高度，党的二十大报告中进一步指出：“建设具有强大凝聚力和引领力的社会主义意识形态。意识形态工作是为国家立心、为民族立魂的工作。牢牢掌握党对意识形态工作领导权，全面落实意识形态工作责任制，巩固壮大奋进新时代的主流思想舆论。”[①] 意识形态决定文化前进方向和发展道路，是“为国家立心、为民族立魂”的重大工作，大学生网络意识形态安全教育也涉及高校社会主义意识形态阵地是否稳固的大是大非问题。

巩固高校马克思主义主阵地是我国的政治建设的重大课题，新时代大学生网络意识形态安全教育也是高校思想政治教育的重要内容。高校的网络意识形态安全教育工作和思想政治工作密切关联，新时代互联网背景下，网络意识形态安全教育在高校的思想政治教育工作中的重要性也越来越凸显。当前，高校大力开展网络意识形态安全教育也具有紧迫

---

① 胡晓青 . 坚持中国特色社会主义文化发展道路 [EB/OL].（2021-12-29）[2023-05-01].http://dangjian.people.com.cn/GB/n1/2022/1229/c117092-32595894.html.

性，尤其在多元文化和西方各种思潮的影响下，大学生群体中出现意识形态模糊的状态。只有充分把握住大学生的思想意识动态，才能提高大学生对网络信息的鉴别能力，使其树立坚定的马克思主义信仰。

如今我国改革进入攻坚期，高校处在一个非常关键的位置，肩负着为中国的建设和改革事业不断输送人才的重任。大学生是未来社会主义的建设者和接班人，高校的意识形态教育是能否让这些建设者和接班人秉持社会主义意识形态的关键。

4. 建设和谐校园和谐社会的内在需求

新时代高校网络意识形态安全教育对大学生最重要的环境——校园的和谐建设至关重要，对构建社会主义和谐社会也有一定的积极作用。高校网络环境安全，才能将网络对大学生的不良影响部分尽可能地降到最低。高校网络意识形态稳定，才能使得高校的思想不滑坡、内部更团结，校园环境也才能因此更和谐。

做好高校的意识形态教育工作，能够使得高校建立更多与学生互动、深得学生认同的纽带。当高校能够将热点事件、热点内容或者大学生喜闻乐见的文化生态，注入社会主义意识形态的灵魂，使学生能够更多地去主动把握，在此过程中自然也塑造了大学生的主流价值观和社会辨别认知能力，减少了不良思想对大学生的冲击，减少了学生之间、师生之间、学生与社会之间的冲突，也有利于构建良好的校园环境和社会环境。

5. 促进大学生健康全面发展

高校是青年大学生全面成长的舞台，新时代高校的教育也不应停留在“教授知识”这个基础层面，更应该关注大学生综合素质的提升。网络已经渗透到大学生学习生活的方方面面，大学生的网络素质尤其网络意识形态水平，对大学生的网络行为有着决定性影响。高校如果能够通过丰富而具有吸引力的线上、线下内容，通过时效性强、贴近生活的案例或者其他内容，潜移默化地引导大学生树立正确网络道德意识，坚守网络主流意识形态，自然能够提升大学生的网络归属感，促进大学生的健康全面发展。如今，许多高校都设有新媒体部门，但一般更新不及时，或者仅仅发送一些通知类或者学院动态内容，内容乏善可陈，吸引不了学生的关注，也自然难以发挥引导作用。高校的新媒体部门可以用整合一些社会新闻、国家新闻、时政要点、精品文化、时评等内容，用符合当代大学生喜欢的灵活方式推送，比如，类似“新闻直通车”展现校园、社会、国际新闻，以及国家政策动态等资讯信息，也能够让学生以最方便的方式集中了解社会、国家和国际动态，在潜移默化中完成网络意识形态安全教育的引导。

（二）大学生网络意识形态教育的主要问题

我国网络意识形态领域斗争依然面临着严峻的局面，大学生作为重要的网络群体，对其的网络意识形态教育对于稳固网络意识形态阵地有着重要作用。然而，由于网络意识形态安全治理、高校网络意识形态教育和大学生自身网络意识形态素养等方面存在一些问题，只有理清楚这些问题所在，才能有针对性地分析导致这些问题的原因，进而全面构建网络意识形态安全教育体系。

1. 网络意识形态治理仍有所不足

在实现中华民族伟大复兴的历史背景下，党和国家非常重视意识形态领域的建设，以保证我国的社会主义建设事业始终保持正确的方向，因此，党和政府与社会各界，达成了社会主义意识形态的共识，对加强网络意识形态治理教育也一直努力进取、孜孜不倦。然而在日新月异、动态开放的互联网空间，社会主义意识形态遇到了真实、持久的挑战，网络意识形态教育需要网络意识形态治理来进行全面的保障，而网络意识形态治理也是营造良好网络环境，尤其良好网络思想环境的必要手段，只有通过全面稳定的网络治理，包括大学生在内的人民群众才会尽可能地避免不良思想和意识形态的侵蚀，网络意识形态教育也才能更容易落到实处。

然而，在网络空间中，各种网络问题依然比较突出，比如，网络色情、网络赌博、网络暴力、网络诈骗、网络谣言等扰乱着网络空间；腐朽、庸俗、媚俗的网络文化冲击着优秀的传统文化和当代社会主义文化；“泛自由主义”“西方优秀”等错误意识形态侵蚀着人们的思想。面对如此复杂的局面，我国的网络治理还有一些亟待改进的地方。第一，对网络新生、衍生的内容管理滞后，“亡羊补牢”式的治理方式难以消除网络空间的动荡和不良舆论。第二，网络治理没有明确而稳定的标准，往往只能通过“人工审核”或者“智能屏蔽”等简单的手段来执行，弹性过大，容易造成治理疏漏，又容易发生打击面过宽问题。第三，官方舆论、网络舆论管理和引导不力，一些陈旧而过于严肃的官方舆论，难以引起广大网民的共鸣，导致网络舆论引导出现“力不从心”甚至被不良舆论反噬的问题。第四，与网络治理相配套的立法相对滞后、执法相对混乱，使得一些人“有恃无恐”，因受不到应有的惩罚而在网络上肆意破坏。这些网络意识形态治理不足的问题不利于培植健康的网络文化，也不利于网络意识形态教育的开展。

2. 高校网络意识形态教育问题

高校是网络意识形态工作的重要阵地，但是从目前高校教育现状来看，高校网络意识形态教育其中仍存在诸多薄弱环节。无论是高校对网络意识形态的重视程度、工作安排、教育内容，还是师资层面的保障都有一些问题。

首先，高校作为网络意识形态安全教育的阵地，在教育管理和教育环境上仍有待优化。

网络互联网环境复杂，对新时代的网络教育教育提出了更高的要求。与传统的意识形态教育不同，网络意识形态教态教育需要扎实的理论教育基础外，还需要网络安全意识、网络文化、网络技术等方面的教育，这就要求高校一方面要从网络安全的高度全方面加强网络教育管理；另一方面要建设适应网络时代的教育人才和教学资源。在网络教育层面上，高校存在对网络信息的管控不到位、对局域网内容监管不及时、缺乏突发事件应急管理机制等问题。在教育人才队伍建设层面，传统的思想政治教育人才难以把握网络生态，传授内容和网络社会脱节严重，网络意识形态安全教育效果差。

在教育环境上，网络意识形态安全教育教学的手段单一，不能充分利用网络新媒体平台。教育环境与网络生态的融合度不足。虽然官方主流媒体在一定程度上释放较为丰富的网络意识形态教育资源，但仍与学校环境有一定距离，需要教师队伍做好教育资源的转接和环境转化，同时注重内容创新。比如，在学生常用的微信、微博或校内网发布平台，很多高校并没有将其转化为优秀的网络意识形态安全教育平台，导致网络意识形态教育环境匮乏，难以发挥教育的导向功能。大学生网络意识形态受到来自网络本身的影响，如果我们不能通过其常用的网络平台展开“教育反击”，自然难以在网络上大力弘扬社会主义主流意识形态和实现净化网络环境的目的。

其次，部分高校缺乏针对性的网络意识形态安全教育课程。我国大部分高校将网络意识形态安全教育划为思想政治课的一部分，传统的思想政治课程主要包括:《马克思主义基本原理概论》《毛泽东思想和中国特色社会主义理论体系概论》《中国近现代史纲要》和《思想道德修养和法律基础》，其中，有关网络意识形态安全的内容甚少，甚至没有单独而系统的课程版块。

新时代网络意识形态安全已经成为大学生思想政治教育的一个重要因素，需要高校建立起相应的教育课程来有针对性地处理。然而，许多高校仍然将传统意识形态教育与网络意识形态安全教育混为一谈，没有注意到网络意识形态教育其实在某些方面更具有现实的活跃性，在抵御不良意识形态侵蚀上甚至处于“第一线”，因此，对于设置专门的网络意识形态教育课程重视程度不够。

再次，高校在网络舆情管理能力和网络技术应对能力上存在不足。部分高校对网络信息的监督管理不到位，往往只关注到了校网这类校园网络平台，对学生网络舆情监管失位，也没有形成成熟、长效的网络监督管理机制。因此，一旦网络上出现突发舆情事件或者出现不良文化与意识形态内容的渗透，往往反应迟钝。即使高校能够做出相应的反应，往往也只是删除不当言论这样的简单手段，上升不到系统的思想教育。

一些高校对网络防火墙的建设不够重视，网络技术方面应对能力不足。高校在面对学生“翻墙”外网和国外社交平台的渗透，不能做到及时发现、及时处理；在面对公共网络上还有很多庸俗、媚俗文化内容或者不良信息时，不能在校内网络上做到及时有效地屏蔽。许多高校缺乏专业的网络技术人才，难以做到防御网络病毒，清理网络不良信息。

最后，部分高校教师网络安全教育意识和素质均有待提高。传统的思想政治教育教师受年龄、研究方向、教学内容、教学习惯等多重因素的影响，对网络有一定的距离感，

对于学生的网络意识形态安全教育的意识也自然较为薄弱。部分高校思想政治教育教师不能将课堂与社会实际相结合，不能将教学内容与网络实际相结合，导致网络意识形态安全教育方面收效甚微。

一些高校思想政治教育教师的教育方法过于单一，大班授课照本宣科、课堂互动少，导致许多学生对思想政治教育课程缺乏兴趣，课堂教学效果不理想，学生在网络世界的所见、所闻也难以获得相应的教育指导。这就要求高校教师要与时俱进，将理论与网络实际相结合，从网络内容出发拓展网络意识形态教育内容。另外，教师需要自己多投身网络，自己对网络有必要的熟悉后，才能更有效地指导学生的网络行为，才能更有针对性地发现网络不良意识形态的渗透攻击重点，做到教育内容更有针对性。

3. 大学生网络意识形态安全意识欠缺

网络已经成为当代大学生获取信息、社交触达的主要渠道之一。然而，由于当代大学生对网络太过熟悉，反而对网络意识形态安全缺乏必要的警惕性。甚至有时候虽然他们清楚知道网络上的一些信息或者社交中的一些行为欠妥，但在“习以为常”的心理作用下不以为意，在潜移默化中受到不良影响。网络是一个大型舆论场，形形色色的言论、光怪

陆离的思想充斥在网络世界，防范意识相对较低的大学生容易受到影响。网络文化复杂多样，多元的文化内容给大学生带来了诸多诱惑，一些学生成为西方文化的追捧者，对优秀的传统文化充满微词；一些学生沉迷于电影或网络宣传中西方所谓的“自由、浪漫、民主”的社会氛围，却对其社会的种种问题缺乏了解或者视而不见……

长此以往大学生可能丧失对我国社会主义的道路自信、理论自信、制度自信、文化自信，政治信仰和政治立场也可能发生偏差，甚至对我国的主流意识形态抱有偏见、对国家的政治表现出情感淡漠。

新时代大学生是未来中国的建设者，大学生意识形态水平的高低直接影响着国家未来的发展，坚定“四个自信”是大学生应有的意识形态基准，然而“新媒体的运用削弱了学生的社会价值观”“学生参与主流意识形态建设的积极性不高”[①]，使得大学生的意识形态水平大受影响。

网络新媒体上传播的不良信息，一些存在着攻击价值观、破坏信念的内容，通过潜移默化的方式来削弱大学生的国家认同感、民族认同感，影响学生坚守正确的社会主义意识形态。大学生正处于意识形态形成并确立的过程中，如果过多受到外界的不良影响，就为他们树立正确的意识形态观念带来了障碍。尤其需要注意的是，实际生活中，部分大学生参与思想政治教育的积极性和主动性不够高、对国家政治活动缺乏兴趣，过度功利化、世俗化，为自身的意识形态水平提升埋下了的隐患。

① 许娜．网络新媒体下高校意识形态安全面临的新问题探究 [J]. 才智，2019（16）：6-7.

（三）大学生网络意识形态教育问题的成因

大学生网络意识形态教育存在的问题已经成为相关研究的重点，而这些问题也是诸多因素共同导致的结果。只有充分把握产生这些问题的原因，尤其把握高校教育和大学生自身方面的原因，才能够更好地培养大学生的意识形态安全意识，提升大学生的思想文化素养，强化其政治意识水平，并在此基础上提升其对社会主义主流意识形态的认同度。从更高层次的国家意识形态层面来说，当大学生形成科学的网络意识形态安全观时，对于维护国家网络意识形态安全也有着重要的推动作用。

1. 社会及网络层面的原因

当前，单纯依靠高校开展对大学生的思想政治教育和网络意识形态教育，已经难以适应当下互联网发展的实际，缺乏教育的实效性。错误的社会思潮和不良意识形态的渗透，各种来自西方的社会思潮和资本主义的意识形态在互联网上快速传播，大大增加了网络治理难度，也是网络意识形态教育面临困难的根本社会原因。

互联网上的社会思潮鱼龙混杂。错误的、腐朽的社会思潮具有很大的危害性，影响人们的价值观念，对全社会的公众舆论和群体心理也产生了十分不利的影响。因为，社会思潮具有强烈的政治指向性与价值观诱导性，错误的社会思潮正借助多元的、经过包装的多元文化内容和网络信息，对人们的社会认知和思想进行渗透，蚕食着社会主义意识形态阵地。我们必须旗帜鲜明地反对各种错误、腐朽的社会思潮，坚持社会主义意识形态在网络空间的主导地位。虽然党和国家一直以来都高度重视网络意识形态工作，但是错误、腐朽的社会思潮对社会主义形态的冲击从未停止，尤其以所谓“西方文化”的面貌更加隐蔽地侵蚀青年大学生思想。

一方面，错误、腐朽的社会思潮宣扬“西方文明至上”，以居高临下的姿态对社会主义中国进行攻击，试图颠覆社会主义意识形态在我国的主导权。部分大学生受其影响，丧失了马克思主义信仰，对社会主义的优越性产生了怀疑，落入西方“和平演变”的圈套。另一方面，错误、腐朽的社会思潮歪曲事实、颠倒因果，罔顾社会热点事件的真相而肆意攻击，扰乱社会公共舆论，通过制造混乱在全社会积累怨气和非理性情绪。一旦有热点事件发生，我们总是很容易发现网络上出现一些似是而非、恶意引导的不良舆论，它们严重影响人们的价值判断，使其逐渐丧失对社会主义伟大建设的认同感。

网络社会思想和舆论有着巨大的影响力，利用得当能够很好地稳定社会秩序、平息社会矛盾、传达正向社会声音；反之，容易给社会带来诸多不可预见的影响。如今纷杂的网络社会思想和网络舆论扰乱了网络安全，也扰乱了网络意识形态。一些媒体尤其数量庞大的自媒体，为了自己的利益，故意利用重大事件来危言耸听、混淆是非、妖言惑众，诋毁人民英雄，污化社会主义文化和共产主义信仰。比如，在 2020 年初武汉新型冠状病毒感染防控期间、2022 年上海新型冠状病毒感染防控期间，党和国家以极大的努力战胜了当时肆虐的疫情，但是一些不怀好意的媒体却置疫情防控的巨大成就于不顾，不断制造不实言论，煽动社会对立，造谣滋事。纷杂的社会思潮和网络舆论也同样会造成大学生价值认知混乱，在思想认知上产生动摇。在极具迷惑性的错误思想导向下，大学生的价值认知容易混乱或扭曲，这就需要大力推进网络意识形态教育，来消除社会及网络层面对网络意识形态的不良影响。

在庞大的互联网空间中，主流官方媒体的声音容易被淹没，这也是互联网背景下全球信息传播的重要特点，当大学生在网络中遇到各种诱导信息时，如果不能够实现官方声音的输送触达，大学生就容易被不良信息牵着鼻子走。我们努力在青年大学生群体中传播社会主义核心价值观，传播社会主义意识形态，弘扬社会正能量，但是仍然存在宣传范围不够广的问题。

2. 高校及教师层面的原因

高校是意识形态工作的前沿阵地，大学生网络意识形态教育也是高校思想政治工作重要组成部分。习近平总书记曾指出："思想政治工作从根本上说是做人的工作，必须围绕学生、关照学生、服务学生，不断提高学生思想水平、政治觉悟、道德品质、文化素养，让学生成为德才兼备、全面发展的人才。[①]"然而部分高校对大学生的网络意识形态教育不够重视，面对复杂的互联网空间和异军突起的自媒体、新媒体冲击，不思进取，懒教逃避。部分高校不与时俱进，不能紧跟潮流利用微信公众号、微博、自媒体等平台来进行思想引导，或者仅仅在平台上转发一下"要闻"，难以引起学生们的关注。总体来说，部分高校对网络意识形态教育的认识不足，多是惯性使然，躺在我国社会主义意识形态的长期教育成果的功劳簿上，而对其面临的冲击熟视无睹。

网络舆论能够影响到大学生的思想动态和社会认知，进而也会影响

---

① 中国教育在线.把思想政治工作贯穿教育教学全过程开创我国高等教育事业发展新局　面[EB/OL].（2020-08-10）[2023-05-01].https：//www.eol.cn/sizheng/kecheng/202008/t20200810_1750735.shtml.

到高校思想政治教育效果。因此，高校的网络意识形态舆情监控与预警机制就显得非常重要。然而，虽然网络舆论正在不断引起各高校的重视，但是仍然存在各种各样的问题。第一，舆情监控与预警机制有流于形式的现象，有机构而无工作人员或者没有具体而明确的工作安排，当舆情事件发生时手忙脚乱，错过处理问题的黄金时期，监管和预警未能发挥应有的作用。第二，高校对于网络舆情管理的决定权不足，手段也比较保守和单一，高校和网络监管部门的互动较少，面对舆情事件难以有足够的权限去处理一些网络问题，也难以获得网络监管部门大数据的支持，多只能采用禁止学生发声、删帖、删评论等简单粗暴的方式来处理，在这种情况下很容易引发大学生的抵触情绪。

在教师层次，网络意识形态教育也存在一些问题。教师是网络意识形态教育的主要实施者，其对网络意识形态的认知水平和言行直接影响着学生。网络意识形态教育需要一支素质好、水平高的教师队伍来实施，这就对高校教师提出了更高的要求。然而，一些高校的教师存在对网络意识形态教育重视不足、发表不当甚至错误言论、忽视学生的学习主体地位、教学手法单一等问题。

教育应当以人为本，教师传统教育方式多采用灌输方式，部分教师往往只从自己的理解出发来想“应该怎样把课讲好”，而没有从学生的角度出发来想“怎样才能让学生学好”，使得课堂上教学效果不够理想。具体到网络意识形态教育领域，学生往往停留在概念理解层次，但对其具体表现一知半解，难以切实感受到网络中的各种社会意识形态、不良舆论对人的深层次影响，难以对网络意识形态安全教育的重要性产生应有的重视。一些高校教师的单向输出式教学，学生参与度不高，且难以产生共鸣。

部分高校教师对网络新事物接受较缓慢也影响了网络意识形态教育的效果。当代大学生从小成长于互联网环境中，对网络新事物具有天然的接受能力，一些教师对网络空间较为陌生，网络技术甚至还不如大学生娴熟，对于网络用语、表达习惯不懂。这自然导致师生的沟通不畅，影响了网络意识形态教育的实效性和针对性。

3. 大学生层面的原因

大学生自身的网络意识形态意识、社会认知水平和学习的积极性也对网络意识形态教育有着重大影响。大学生是网络意识形态教育的受教育者，同样是教育过程中的主体，对教育者的教育具有反作用。很多大学生社会阅历不够，思想不够成熟，对于网络信息缺乏辨别能力，容易出现认知偏差。大学生的意识形态敏感性多有不足，有“国家大事与我无关”“只要安心学习就够了”类似的想法。网络意识形态教育能否真正落实，关键还是在于大学生是否能在教育下，自觉地抵御不良网络意识形态的侵蚀，自觉维护社会主义意识形态。

长期使用互联网让大学生自身的独立思考能力有所提升，但与此同时，多元网络文化对其意识形态的冲击也相伴增加。在进入大学之前，学生接受知识的动机比较单纯，接受的主动性也较高；在进入大学之后，大学生自己开始更多地独立思考，主动去认知、接纳多元的文化，这本质上是自我思考能力和学习能力提升的表现，应该值得鼓励，但也应该警惕随之而来的网络思想冲击。网络文化多种多样，一些大学生盲目推崇西方意识形态、抬高西方文化地位，就是受到多元网络思想冲击的表现。

新时代大学生不应该局限于“象牙塔”内，因为国家大事、意识形态其实和现实生活息息相关。大学更肩负着承担起中华民族伟大复兴的历史使命，作为新时代网络意识形态教育的主体，他们需要发挥自己学习的主动性，唤醒自己的使命意识，坚定对社会主义意识形态的信仰，坚定为社会主义建设事业和中华民族伟大复兴事业的信仰。

第六章　高校网络安全意识体系建构理论基础

一、高校网络安全意识体系建构基础理论

高校网络安全意识体系建构是理论与实践的统一。高校网络安全意识体系建构的上层设计需要基础理论来支撑，其实践也需要基础理论来进行方向性的引导。从马克思主义理论与实践相结合的角度看，理清支撑高校安全体系建构的基本理论，利于深入研究建构的方向，并在理论的指导下，寻求高校安全体系建构的相关对策和路径。

因此，坚持以基础理论为指导来建设高校安全体系也是笔者探究的基本立足点。坚实科学的理论依据是科学探究的基础。本书将从马克思主义人本理论、马斯洛需求层次理论、网络安全观这三方面进行阐述。选择这三大理论作为基础理论，也是基于科学的判断，马克思主义是我国社会主义的根本指导思想；马斯洛需求层次理论深刻剖析了人类行为的动机；网络安全观作为习近平新时代中国特色社会主义理论的重要组成部分，是指导当代网络建设的根本指南。笔者试图在从基础理论分析

的基础上，进一步探究大学生网络安全体系建构的实效性。

需要重点强调的是，网络安全观对于包括高校网络安全意识体系在内的网络安全事业的建设，具有重大的思想理论指南和社会实践指导意义。网络安全观“以人民安全为宗旨，以政治安全为根本”，从包括国际网络安全的内的各个角度出发，阐述了维护国家网络安全的基本理论，描绘了当前我国国家网络安全的战略规划、政策实践和理论基础。网络安全观全面洞察目前我国网络安全领域面临的各种机遇与挑战，拓展了我国网络安全的实践领域，

（一）马克思主义人本理论

高校网络安全意识体系建构根本上还是建设高校环境下网络生态视角的良好人际交互关系，体系的核心要素还是人，这就需要从根本上厘定“人”的属性、特征等要素，在此基础上分析网络安全体系的延伸边界。

马克思主义对于“人的本质”有三基本界定：第一，生产劳动即人的本质，即我们熟知的“劳动是人的本质”；第二，人的本质是一切社会关系的总和；第三，自由的有意识的活动是人的本质，即“人的需求即人的本质”。这三个基础论断是马克思主义广为人知的部分。它们不是彼此孤立而是内在联系的。从三者的内在联系上考察人的本质，才能在深刻把握人的本质的丰富内涵基础上辨析网络安全体系中的人际交互。

关于“劳动是人的本质”，马克思在《1884年经济学哲学手稿》中指出：“劳动这种生命活动、这种生产生活本身对人来说不过是满足他的需要即维持肉体生存的需要的手段。而生产生活本来就是类生活。这是

产生生命的生活。一个种的全部特性、种的类特性就在于生命活动的性质，而人的类特性恰恰就是自由的自觉的活动。”关于“人的本质是一切社会关系的总和”马克思在《关于费尔巴哈的提纲》中指出：“人的本质并不是单个人所固有的抽象物。在现实性上，它是一切社会关系的总和。”关于“人的需求即人的本质”，马克思、恩格斯在《德意志意识形态》中提出了：“他们的需要即他们的本性”。

根据以上论断可以看出马克思认为人的本质是社会性的，人的一切实践活动是在一定的社会关系中进行的，人通过社会实践塑造和表现自己，在人的历史实践过程中形成人的一切社会关系，这种社会关系包括人与社会、人与自然的关系，社会关系是人们实践活动的表现形式。此外，人的本质是通过人的行为活动表现出来的，而人的行为活动的动因或内驱力则是人的需要，人的本质和人的需要是不可分割的。因此，人的本质的内容是社会实践活动，社会关系是表现形式，人的需要是内驱力，三者共同构成马克思主义人的本质论的有机整体。

网络是马克思当年没有预见到的新事物，但并不是不能认识的事物。如何辩证地认识网络的本质，应在唯物史观的范畴内对其进行批判，充分认识网络空间对于人的本质实现的空间性、实践性、历史性。如今，互联网作为核心科技已经成为社会生存和发展的基础和动力，知识已成为一个重要的生产要素，同时知识型劳动者已成为当代社会发展的主要动力。与互联网所依托的电脑硬件设施相比，大学生对于运用互联网获取的知识对于生产力的发展才是更为重要的，也是大学生网络使用的关键之所需。因此在对大学生进行网络思想政治教育工作中，要正确地看到问题实质，运用马克思主义人的本质理论来分析大学生日常网络使用中存在的问题，针对不同问题进行具体问题具体分析。

1. 劳动是人的本质

马克思从“效用原则”（比如，假如我们想知道什么东西对狗有用，就去探究狗的本性）的局限中摆脱出来，人的共有本性尤其复杂的社会性与动物有着本质区别。在漫长的历史时代和不同的社会结构中，人的具体本质自然有其特殊性，但有一条贯穿全部的首要共同本性——劳动。

马克思在充分肯定了德国哲学家、思想家黑格尔关于“劳动创造人”和“人类历史以及劳动是人的本质”的思想，同时又将其局限于的“抽象精神劳动”扩展到物质生产劳动的基础上。正是通过物质生产劳动的基础，才有了精神劳动的出现，所以，人类的基本面貌就是由生产劳动决定的。而且马克思通过劳动将人和动物做了根本性的区分，人类和动物区别开来的第一个历史性并不在于思想，而在于他们开始生产自己的生活资料，正是在此基础上，人类摆脱了单纯本能的制约，向着文明迈进。在这个过程中，人成为“制造工具、使用工具的动物”，不断革新生产工具是人提高劳动效率的内在需求。从某种程度上说，网络也是人类制造、使用工具的结果，从此意义上说，网络也是一种生产资料，它的现状、发展以及本身的结构，都与人类内在的劳动本质息息相关。

2. 人的本质是一切社会关系的总和

人类社会关系是一个复杂的体系，在生产关系的基础上，形成了国家关系、政治关系、民族关系、思想关系、宗教关系、家庭关系等全部的社会关系。同蜜蜂、蚂蚁等动物的组织性不同，人类的组织性不仅是自然联系的结果，更是人类社会关系不断发展变化的结果。人类的各种社会关系的发展、更替构成了人类社会的历史长河。人不同于动物，在生存与发展中需要结成家庭、社会和国家，并再次形成复杂的社会环境并在其中生活。社会性决定着人在人类社会中的本质存在，某种程度上说，一个人的“社会属性”以及担当的“社会角色”，才构成了其与社会的真正联系。

人类社会世世代代都是相互联系的，后代社会继承和发展着前代社会积累起来的生产力以及由生产力决定的社会关系。单个人的存在并不能改变社会关系的这种延续性和发展性，反而应该主动去适应和把握这种动态变化。马克思对费尔巴哈的“抽象人性论”进行了批判，费尔巴哈将“宗教感情”作为独立存在的东西，并假定“抽象、孤立的个体”存在，并不符合人类社会演变的历程。在此基础上，马克思也提出了人、群体、阶级对社会关系的能动作用。比如，要求无产阶级具有革命的彻底性，能够担当起资本主义的“掘墓人”、社会主义的建设者的重任，并逐步走向共产主义社会。

人类社会进入互联网阶段，是人类社会发展的结果，而互联网也成为人类社会关系的一个场域，不同群体的个人在这个空间中发生联系，也将“人与人、人与社会”等关系移植到互联网领域中。在互联网世界，“人的本质是一切社会关系的总和”并没有发生根本改变，人对网络的能动作用和人在现实世界的能动作用也没有根本区别。因此，所有的网络安全问题以及其解决之道，也都要回归到人的社会关系上来。

3. 人的需要即人的本质

“人的需要即人的本质”本源于人的生命活动和社会存在。某种程度上说，人的生命需求制约着他们与自然的关系，而人的社会性需求制约着他们与社会的关系。人通过对外界物的摄取以实现维持陈代谢的生命新活动，与自然形成一定的依赖关系。这是人需要的“天然必然性”；人通过与周围社会世界发生关系，满足自己的社会性需求，这是人需要的“内在的必然性”。

因此，人的活动总是从各种需要开始的，正是在需求的驱动决定着人们的动机和目的，并引导自己从事相应的实践活动。人的实践活动从需求满足到下一个需求产生，再到新的需要满足，如此连续不断、循环持续发展。

人的创造活动的内在原因和根据就是人的需要及其满足，正所谓“没有需要，也就没有生产”。离开了人的需要，人的劳动创造活动就失去了对自身的存在价值，也不会对人类社会的存在和发展产生能动作用。

不过，人的需要满足自然受到社会的制约和影响。作为现实的人，每个个体都需要与现实社会联系，比如，人的需要受生产力发展水平的制约，生产力发展水平的高低决定着人的需要水平和满足程度；人的需要受其在生产关系中所处地位以及占有财富多少的制约，当今社会财富的多少对人的需求满足的影响非常直观；人的经济需求的满足受宏观经济运行和经济规律、市场等制约。

由于现实社会的不同、人与现实社会关系的不同，人的需求具有多样性，特别在全球化和网络时代，人们的需要就更加丰富多彩，并反映到网络世界。在网络环境之中，包括大学生在内的广大网民，彰显自己的能力同时也在不断获得在网络世界的满足。而其的需要正当与否，为满足需要采取的行动正当与否，都深刻影响着整个网络世界的安全与稳定。

马克思认为，生产力的高度发展为实现人的全面发展奠定了良好的物质基础，社会生产力高度发达的同时，人才能去追求真正的个人自由和全面发展。同时，社会生产力的发展和人的全面发展又是相辅相成、相得益彰的关系，一个人作为一个个体，其体力和智力的充分发展要在社会生产力的不断进步中才能实现，更要在社会生产力的飞跃中促进自我社会关系的全面发展，使自身逐渐趋向完满性，社会关系的全面丰富决定人的全面发展的程度。如今数据成为资产，它作为创造力、生产力和竞争力，已创造出巨大社会财富。在大数据时代，高校学生随时随地都在用网，在高校学生利用大数据的优势和技术快速获取、分析、应用多元海量数据的同时，帮助高校学生了解更多网络攻击与防御知识、提升网络安全法律法规意识、掌握较全面的网络安全防护技能，是实现高校学生在大数据时代全面发展的必然要求。大数据应与教育同行，教育者树立数据价值意识，通过构建大数据平台尽可能掌握学生各方面数据，实时了解、分析高校学生上网行为和状态变化，更有针对性地对高校学生进行教育和引导，为学生的进步和发展创造条件。同时，在教育过程中，教师要积极创新教学方式，利用数据优势，充分将网络与教育资源相结合，为学生的全面发展奠定基础。与此同时，大数据也打破了只能线下面对面教学的壁垒，教师与学生可以在互联网上通过软件实现即时通信，声画同步，尽可能地还原线下教学，教师可掌握学生的实时动态并为学生提供帮助，学生可及时消除疑难困惑，这有利于建立民主、平等、和谐的师生关系，也有助于实现高校学生自由而全面的发展。

马克思主义的人本理论是基于人类与社会发展演变和实践所得出的科学理论，自然也适用于网络世界，也自始至终地贯穿着高校学生网络安全素养提升的整个培育过程，对大学生自身的网络行为也具有基础性的指导作用。在飞速变革的时代，在对大学生进行网络思想政治教育工作中，“要正确地看到问题实质，运用马克思主义人的本质理论来分析大学生日常网络使用中存在的问题，针对不同问题进行具体问题具体分析”[①]。马克思主义指导思想作为大学生网络安全意识培育的重要理论，自始至终地贯穿了整个培育过程，为高校进行网络安全教育和建构网络安全体系提供了依据。

（二）马斯洛需求层次理论

从马克思主义的人本理论，我们看到“人的需要即人的本质”。意识决定行为，人的需求自然也极大地影响着人们在网络上的行为。某种程度上说，把握好网络行为主体的内在需求，能够从基础上审视网络行为。从人的内在需求理论分析危害网络安全的行为，才能够为通过“人本”的角度来解决网络安全问题。

马斯洛需求层次理论的渊源可以追溯到马克思主义的人本理论，美国心理学家亚伯罕·马斯洛在《人类激励理论》《动机与人格》等著作中提出了这一理论。该理论也是马斯洛心理学影响力最为广泛的理论之一，马斯洛也因此被称为“人本心理学之父”。马斯洛将人类的需求根据相似类归和层次区分的原则进行了分层，概括出“生理需求、安全需求、社交需求（归属）需求、尊重需求、自我实现需求”五大方面。按照马斯洛的理论，这些需求都是以人类生活为基础的，人类产生具有产生这些需求的本性。需求的层次和难度成正比，在人们的低层次需求获得满足

① 巴德龙 . 大学生网络安全问题及教育对策研究 [D]. 沈阳：沈阳农业大学，2018.

之后，产生更高层次的需求。

生理需求，是最为基本的需求，日常的衣食住行都归属于生理需求。而在社会的不断发展中，大学生在这方面的物质保障也在不断提高着。同时，在大学阶段，人们也产生了更强烈的社交意愿，也更希望对于意象区有所了解。如果这样的需求无法满足，那么人们也将会借助各样的方式来实现生理需求的满足。而互联网具有的开放性和广泛性能够提供大学生们这样的需求，更加便利的社交途径，更加多样的信息获取，大学生们都可以通过网络来得到。而如果不能把持良好的尺度，那么这些信息就将会危及大学生的身心健康。

1. 需求层次理论的网络呈现

第一，生理上的需求。生理需求是人类所有需求中最基本、最重要的需求，因为其构成了人类维持自身生存最基本的要素，包括饥饿、呼吸、饮水、性等方面的要求。如果这些最基础的需求得不到满足，就会形成生存问题。人面对生存，具有最原始也最具爆发力的能量，从这个意义上说，生理需求也是推动人类行为最原始的动力。马斯洛认为，只有这些最基本的需求得到所必需的满足后，其他更高层次的需求才会产生出激励因素。试想，当一个人被捂住口鼻无法呼吸或者终日食不果腹的时候，难以有心思去考虑“人生的意义”“自我创造”等类似的问题。当一个人在网络上沉迷于不良内容时，对于网络道德的尊重自然也就难以维持。

第二，安全上的需求。安全需求是人保障自身安全和家庭安全、维持自身健康、保证财产安全等方面的需求。马斯洛认为，人作为一个整体的有机体本身就有追求安全的机制，人的感受器官、智慧和行为能量具有鲜明的安全指向性。某种程度上说，人的科学认知和人生观都可以看成是满足自身安全需求的一部分。当政治稳定或者某种正常的社会秩序受到威胁的时候，这些需求就会凸显出来。在网络领域也是如此，网络暴力、网络安全问题等极大冲击正常网络秩序时，网民的安全需求也受到了威胁。

第三，归属上的需求。这个层次需求上升到了感情层面，主要包括两个方面的内容。第一方面是人与人之间的感情需求。友爱的需求（包括友谊之情、伙伴之情、同事之情等）主要指向融洽的人际关系或友谊和忠诚等属性；爱情的需求（渴望接受别人的爱、渴望爱人的认同等）主要指向伴侣感和爱情感。第二方面是人对群体的归属的需求，即人有一种归属某一特定群体的感情和愿望，希望自己被某一特定群体所接纳，并在群体中感受到相互关心和照顾等类似的情感。相比前两种需求，感情上的需求更加细致，感情归属需求，尤其“爱”是人类长久不衰的话题，影响着人与人之间许多行为。归属需求反映在网络上，可以看到不同特征的网民群体，当网络舆论失控时，一些特定的群体可能显示出更明显的攻击性而掀起“网络狂欢”。

第四，尊重的需求。尊重的需求是人的社会属性在需求层次的反映。身为社会的一分子，个体自然希望自己有稳定的社会地位，能够在社会中表达出自己的声音，期望自己的能力或者行为、成就获得社会的承认。尊重的需求可以分为内部尊重和外部尊重两种。内部尊重主要指向自我，表现出个人对自我的肯定，比如，肯定自己的能力，充满自信心，拥有独立自主的意识等。外部尊重指向外部，主要是受到他人或者社会的尊重、信赖或者正面评价。尊重的需求获得满足，能使人对自我充满信心，和社会实现和谐相处，对社会充满热忱之情。网民在网络上的各种表达、网络人际交往网络的形成，都可以找到尊重需求的影子。而当网络出现各种问题时，也伴随着尊重需求被破坏的现象。

第五，自我实现的需求。自我实现需求是人类高层次的需求，它指向实现个人理想、抱负的人生价值和理想需求，将尊重的需求更向前推进了一步。在这样的需求趋势下，人会努力发挥个人的能力，完成与自己的能力相匹配的事业，甚至追求更高层次的为公正事业自我献身的高尚行为。个体在满足自我实现需求时，所采取的途径是因人而异的，自我实现的需求有非常明确的目标指向性。在网络中，一些“科普大V”、知识公号、“意见领袖”在网络上的内容输出，就受到自我实现的需求的驱使。但是当这种需要过度膨胀或者发生扭曲时，也会出现相应的网络问题。

2. 网络场域的需求满足

当然，对于马斯洛需求层次划分，学界有不同的观点：第一种观点是五个层次，具体内容是生理、安全、归属、自尊、自我实现需要，被认为忽略了认知和审美需要；第二种观点是七个层次，具体内容是生理、安全、归属、自尊、认知、审美、自我实现需要；第三种观点是六个层次，是在五个层次观点基础上加上自我超越需要。[①] 此处重点不在于学术论辩，而着眼于需求层次理论框架下，从需求角度审视人的内在需求和其在网络世界的反映。与此同时，无论是哪种需要层次观点，我们其实都可以将不同层次的基本需要划分为两类，即“满足型需求”和“增长型需求”。

① 亚伯拉罕·马斯洛. 动机与人格 [M]. 许金声，译. 北京：中国人民大学出版社，2013：5.

需求的满足在网络场域的实现和现实社会领域十分相似（事实上，网络社会和现实社会已经有了很大层面上的重叠）。人们在低层次的需求不完全满足时也会产生更高层的需求，不过人低层次需求的满足程度决定对高层次需求的追求程度，然而也会出现放弃底层次的生理和安全需求甚至放弃自己的生命，去践行更高层次的自我实现需求的情况。但是，人们会同时拥有各种层次的需求，并为了满足这些需求而采取各种行动。这种“并存”的局面导致了人们行为的复杂和多样，在网络场域中也是如此，甚至导致的各种网络安全问题花样百出、层出不穷。

马斯洛需求层次理论为网络安全教育和高校网络安全体系建构提供了从“人”角度出发的一种理论基础。如今，我国已经解决了最底层的温饱类生理需求，其他几个层级的需求就在社会中呈现出交织的状态。比如，高校校园的住宿安全问题、网络安全问题，高校恋爱诈骗问题、高校舆情问题等。高校网络安全教育和网络系统的建构，不仅要解决当前大学生的低层需要满足的问题，更要指引着大学生合理、正当地去满足自身的高层次需求，并为大学生的全面健康发展创造更好的条件。比如，祝奇、荀琳就“从马斯洛需求层次理论出发，纵向探寻高校网络思政教育贯穿学生成长过程中存在的问题，提出增加网络育人平台、丰富网络思政教育内容、鼓励学生自主打造社交平台以及嵌入人工智能技术等提高网络思政教育水平的方法”[①]。其理论探究对我们有一定的借鉴意义。

① 祝奇，荀琳．马斯洛需求理论下的高校网络思政教育研究 [J]. 科教文汇，2022（18）：36-39.

（三）网络安全观

2017 年 10 月 18 日，在中国共产党第十九次全国代表大会上习近平总书记首次了提出“新时代中国特色社会主义思想”。习近平新时代中国特色社会主义思想是当代中国马克思主义、21 世纪马克思主义，是中华文化和中国精神的时代精华，实现了马克思主义中国化时代化新的飞跃。[①] 习近平新时代中国特色社会主义思想为中国特色社会主义事业发展提供了根本遵循，其世界观和方法论，尤其习近平总书记有关网络安全的直接理论和实践指导，是网络安全体系建构的根本指南。

2016 年 4 月，习近平总书记在网络安全和信息化工作座谈会上发表的重要讲话，阐述了中国网信事业的发展目标，所面临的重要任务以及全面的实践途径。随后，中共中央政治局就实施“网络强国”战略进行了集体学习。在中央政治局的学习会上，习近平总书记从国家整体战略的高度，结合当今世界的发展脉络和局势特点，结合 21 世纪我国社会主义建设面临的历史机遇和挑战，对“网络强国”进行了战略布局。这两次重要的讲话的思想充分体现了习近平总书记的网络安全观。

1. 网络安全观

网络安全观系统回答了中国特色的网络安全实践问题，指出了网络安全实践的核心目的是造福人民。网络安全观从七个方面进行了详细阐述：主权观、国家观、发展观、法治观、人民观、国际观、辩证观，具有与当今世界现状和中国社会主义现代化建设现状相适应的鲜明时代性，

① 新华社．习近平说，新时代中国特色社会主义思想是全党全国人民为实现中华民族伟大复兴而奋斗的行动指南 [EB/OL].（2017-10-18）[2023-05-01].http：//www.xinhuanet.com//politics/19cpcnc/2017-10/18/c_1121820173.htm.

信息革命和网络生态的宏观背景下，提出了全面、科学、系统的理论与实践指导，对于网络安全的建设重大的现实指导意义。

如今，网络空间某种程度上已经成为继陆、海、空、天后的“第五空间”，国家间经济、政治、文化等领域与网络安全紧密相连，不同地域、不同时空的人们的生产、生活、交往等也在庞大的互联网上相互交织，网络安全不仅深刻影响着国家安，也对网络中的每个人产生了深远影响。

早在2014年2月27日的中央网络安全与信息化领导小组第一次会议上，习近平总书记就鲜明地提出“没有网络安全就没有国家安全，没有信息化就没有现代化”的科学理念。习近平总书记就网络安全问题发表一系列重要论述，“详细地阐述了国家总体安全中的网络安全、网络安全管理体制、网络核心技术突破及保障、网络空间治理和网络空间命运共同体等问题，形成了网络安全观，是习近平新时代中国特色社会主义思想重要组成部分”[①]。特别是在2016年4月19日的工作座谈会当中，习近平总书记又一次表示，应当“树立正确的网络安全观”[②]。

第一，网络安全主权观。习近平总书记提出应当对于国家的网络主权给予尊重，这也是一个国家独立自主的重要体现。《联合国宪章》确立的主权平等原则是当代国际关系的基本准则，覆盖国与国之间交往的各个领域，宪章的原则和精神也应该适用于网络空间。

① 梁修德. 习近平网络安全观：生成过程、基本内涵、价值意义 [J]. 安庆师范大学学报（社会科学版），2020，39（2）：1-7.

② 新华社. 习近平总书记在网络安全和信息化工作座谈会上的讲话 [EB/OL].（2016-04-25）[2023-05-01]..https://www.gov.cn/xinwen/2016-04/25/content_5067705.htm.

第二，网络安全国家观。在当前世界中，网络安全在国家安全中占据着越来越重要的地位，国家间的斗争尤其意识形态领域的斗争，在互联网领域愈演愈烈。在我国的社会主义经济、文化、思想、社会建设的各领域中，网络信息全面发挥着作用。同时，国外的某些势力和个别分子，使用各种网络技术、输出各种渗透性内容，对我国的网络环境展开攻击与破坏。在此背景之下，构建网络安全体系已经成为国家安全的重要组成部分。

第三，网络安全发展观。网络安全和网络发展息息相关，网络安全与网络信息化发展也是相辅相成。如果想要实现网络信息化发展，那么必须保障其发展的安全环境，构建起良好的网络保障体系，实现两者的统一发展。

第四，网络安全法治观。网络并非法外之地，在当前的网络环境当中，意识形态渗透、黑客攻击、网络黄赌毒、网络诈骗、网络暴力等等一系列问题层出不穷，许多上升到犯罪层次，严重威胁着网络环境，想要实现健康健全的网络管控，就应当做到依法建设，依法管理，依法惩处。我们应当进一步展开网络相关法律的建设，完善网络管控方式，有效地应对网络安全挑战，让网络走上正确的法治轨道。

第五，网络安全人民观。“为人民服务”是全社会的共同理念，网络安全也应该奉行“人民至上”的原则。与此同时，网络安全的实现也需要靠人民。构建良好的网络安全是为人民服务的，同时也需要人民共同协作来实现。网络的参与者作为行为主体，大到政府、社会机构，小到每个个人，都要肩负起构建良好的网络环境重要责任。

第六，网络安全国际观。某种程度上说，网络安全问题是全球性问题，维护网络安全也是国际社会的共同责任。构建良好的网络环境，是全球每一个国家的责任，没有任何一个国家能够置之不理。西方一些国家，利用自己的信息技术优势、传媒优势等，对别国展开网络攻击和渗透，甚至掀起“网络军备竞赛”。在这样的情况下，一方面需要警惕外来的网络不安定因素；另一方面要推动建立相互尊重、相互信任、多样化合作的全球网络环境。

第七，网络安全辩证观。网络安全国家安全、社会安全的一个组成部分，而网络安全自身可以看作一个整体，无论是从哪个角度看，网络安全问题的解决都需要辩证地去看待。要将马克思主义唯物辩证法运用到网络安全领域，认清网络安全不是孤立的；同时网络安全的构建也是不断运动的。构建良好的网络环境需要辩证看待，采取开放的态度、用发展的眼光去处理网络安全各种问题。

2. 网络安全观需要把握好的关系

习近平总书记针对网络安全建设的理论，也为高校网络安全意识体系建设提供了重要的指导。基于网络安全观的理论指导，我们需要进一步处理好网络环境中的各种关系。

第一，网络安全与国家主权的关系。某种程度上说，网络主权是国家主权在网络空间的自然延伸和体现。承认和尊重各国网络主权是维护国际网络安全、减少国家间网络安全的前提。我国有独立发展、管理、监督本国互联网事务的权力，西方那种基于自身网络实际的“教师爷”式对中国网络说三道四是不恰当的；借口网络自由干涉我国国内政，也是我们不能够接受的。目前，“网络主权”观念已经得到多数国家的认可，我们追求公平正义、相对开放的全球信息网络，但是我们也绝不屈从于网络霸权，坚决抵制外来的网络入侵和渗透。

第二，网络安全与国家安全的关系。在国民经济和社会信息化建设进程中，网络信息系统的基础性、全局性作用日益增强，某种程度上说，没有网络安全就没有国家安全。网络在实现国家稳定、经济繁荣和社会进步中发挥着重要作用；相应地，网络安全问题对国家的经济、社会建设也会产生影响。境外势力针对我国网络的攻击和破坏日益猖獗，对我国的意识形态渗透和文化入侵从未停止，严重危害我国国家安全；国内网络上的网络道德失范、网络暴力等各种问题也日益彰显，这些因素使得我国网络面临着综合性的复杂挑战。它不仅是网络安全问题，更关系到国家安全和社会稳定。

第三，网络安全与信息化发展的关系。网络安全和网络信息化是“一体两翼”，两者必须统一谋划、统一部署、统一推进、统一实施。一旦网络安全没有同步跟上网络信息化发展，面对外来的庞大网络攻击，甚至会导致重大的危害事件。比如，2007 年，爱沙尼亚遭受全国性的网络攻击，造成政府和官方媒体全面瘫痪；2010 年，伊朗遭受“震网”病毒攻击；2015 年，乌克兰电力基础设施遭受到网络攻击……这些事件及其带来的巨大破坏所反映出共同问题——网络安全工作没有和网络信息化同步跟进。因此，我们要在加强信息化建设的同时，加强发展网络信息核心技术，培养各层次的网络安全人才队伍，为网络安全体系建设保驾护航。

第四，网络安全与法治关系。正视网络安全与法治的关系，要坚持依法治网、依法办网、依法上网，让互联网在法治轨道上健康运行。法律在维护各个主体的权利义务，规范政府、组织和个人的行为，维护正义秩序等方面的重要作用是不言而喻的，也是建设社会主义法治国家的基础。网络发展日新月异，传统的法律难以适应快速发展的网络生态，其执行也面临着大量现实性的困难。网络空间的许多行为和现象仍需要不断通过立法去完善，依法治理网络空间，实现网络稳定。在网络安全维护、互联网信息服务管理、电子政务、信息通信、电子商务、个人信息保护等网络重点领域的基础性法律尤其要值得关注。加强立法对保障网络运行安全、数据安全、信息内容安全具有基础性的规范作用。

第五，网络安全与人民的关系。网络安全为人民，网络安全靠人民。如今，网络已经成为被广泛使用的基础设施，千家万户和亿万民众都聚集在互联网这个庞大的环境中。不同网络主体之间高度关联、相互依赖，网络环境的稳定与否直接关系到广大人民的用网安全。网络犯罪分子或敌对势力实施的网络破坏活动，不仅损害个人或组织、企业的利益，甚至更能危害社会公共利益和国家安全。同时，维护网络安全也是全社会共同责任，需要政府、企业、社会组织、广大网民等的共同参与。目前广大网民的网络安全意识还有淡薄之处，学校和社会的网络安全教育仍有不足，培养网民的网络安全意识，帮助社会公众更好地了解身边的网络安全风险，提高其网络安全防护技能有着重大意义。

第六，网络安全与国际社会关系。互联网是一个全球互联互通的空间，因此，维护网络安全需要国际上各个国家的共同参与。在全球网络中，各国可以说是网络空间的“命运共同体”，多边参与、共同维护才是国际社会的正确选择，维护网络安全也是国际社会的共同责任。总体而言，国际社会要坚持相互尊重和相互信任的原则，共同去维护国际网络安全，共同构建和平、安全、稳定、开放、合作的网络空间。

二、高校网络安全意识体系建构的教育理论

高校网络安全意识体系建构的核心落实点还是高校，而高校的核心职能就在于“教育”和与之相关的管理体系。如果说基础理论为高校网络安全意识体系建构指明了理论方向，那么教育理论则为高校网络安全意识体系建构指明了实践路径。由于网络安全意识教育的特殊性，笔者认为在其实践中需要重点关注的有思想政治教育理论、生命哲学和生命教育理论、高等教育管理理论等。

高校网络安全意识教育属于思想政治教育范畴，自然需要思想政治教育理论来指导。基于马斯洛需求层次理论分析，笔者认为网络主体在网络上的行为受自身“生命行为”的内在本源触动，因此从生命哲学和生命教育理论层面进一步分析网络安全意识教育和体系建构问题。高校的网络安全意识教育和体系建设，涉及教育与管理的双重结合，因此也需要高等教育管理理论提供制度性的管理保障。

（一）思想政治教育理论

高校网络安全教育和思想政治教育密切相关。高校思想政治教育能够帮助大学生解放思想上面临的困境、实现大学生的全面发展。思想政治教育的指向性是全领域的，自然包括网络领域。从系统来看，政治教育环境形成了包括主体、客体和介体在内的“环体”，并在这个环体的基础上形成了思想政治教育系统。从外部条件来讲，思想政治教育环境极为广泛，一切影响思想政治教育活动的外部条件都可能被纳入这环境中，如历史演进、国际关系、社会稳定、学习生活、家庭个人等，网络自然也是思想政治教育环境的一部分。

1. 思想政治教育环境与高校网络安全意识体系建设

思想政治教育环境可以看作“教育主体在教育过程中根据教学目的，主观创造出的能够对人们产生积极影响的环境”[①]。作为高校网络安全意识体系建设重要一环的“大学生网络安全教育”，也是深受思想政治教育环境所指摘的“国际因素、社会因素、网络本身因素、学校因素及学生本身因素”等的影响。在网络的虚拟性和开放性环境中，这些因素交织在一起，比如，国际因素中西方庸俗价值观的渗透就和社会网络道德滑坡息息相关；高校教育环境的完善程度、家庭思想道德水平的高低、大学生自身对网络安全的重视程度等，对于大学生形成正确的网络安全观念都起着不可替代的作用。因此，重视思想政治教育环境，尤其重视网络安全教育环境的营造，对高校网络安全意识体系建设和培育大学生的网络安全意识至关重要。

2. 意识形态建设与高校网络安全意识体系建设

意识形态建设是思想政治教育的重要组成部分。在马克思主义思想中，“意识形态”是包括道德、思想、法律、政治等内容的“上层建筑”，它反映着社会物质生产关系（经济基础）。后来，列宁进一步提出了意识形态的思想指南作用——具有批判各种虚假错误思想意识的功能和巩固无产阶级政党执政地位和建设社会主义思想体系的功能[②]。意识形态理论具有武装思想、增强政治意识的重要作用，在国家发展中具有核心思想指导地位。

---

① 王宝鑫，段妍 . 关于思想政治教育环境本质的再认识 [J]. 学校党建与思想教育，2019（3）：18-21.

② 张旭阳 . 互联网背景下我国主流意识形态安全研究 [D]. 石家庄：河北科技大学，2019.

马克思主义意识形态理论和中国特色社会主义建设理论是我国的基础意识形态理论，其事关中华民族伟大复兴的实现。在互联网时代，一方面，网络成为现实社会的延伸，必须加强网络领域的意识形态教育、构建社会主义网络意识形态话语体系；另一方面，利用网络形式开展意识形态工作是时代发展所趋。

3. 思想政治教育的指导作用

我国的社会主义建设进入到历史新时期，面临着复杂的发展局面，同时，网络世界纷纭复杂，各种与马克思主义背道而驰的不良思潮、各种不良的网络言行和信息内容充斥着网络，对广大网民的主流意识形态观念形成威胁，进而影响到国家的意识形态稳定。

思想政治教育也要坚持与时俱进和创新，思想政治教育也是解决现阶段我国面临的意识形态实际问题的重要途径。马克思主义环境观认为“社会存在决定社会意识，社会意识对社会存在有能动的反作用”，实现“社会环境塑造人”与“人改变社会环境”的辩证统一，是实现人与社会环境和谐的必然途径。

社会政治制度、经济基础、文化传统、网络环境等因素会影响和制约人的思想政治意识，人们的思想观念也随着社会环境的变化而产生变化。随着国际化的深入与网络全球化，互联网环境与思想政治教育关系日益密切。网络环境能够对大学生思想观念、品德意识等产生巨大的影响，比如，网络文化对思想政治教育的影响是显而易见的，网络文化具有复杂性与特殊性，一些不良文化内容充斥网络，引发了广大网民的思想混乱，对思想政治教育也产生了不利影响。但是“人的主观能动性”决定了人在环境面前不是消极被动的，思想政治教育实践活动也会反作用于环境，改变人们的思想道德状况，这一点同样适用于网络领域。

（二）生命哲学及生命教育理论

生命哲学理论是现代西方哲学思潮之一，是一种主要关于生命性质和意义的学说，在19世纪末和20世纪初形成于德国和法国。生命哲学的主要代表人物有德国的狄尔泰（《精神科学引论》）、齐美尔、奥伊肯和法国的柏格森（《时间与自由意志》《形而上学导论》《创造进化论》）等。虽然生命哲学有夸大生命现象的意义和作用的倾向，在方法论上也有反对唯物主义、辩证法的因素，但是其对于“生命”本身的探究仍有很大的借鉴意义，其更是深刻影响了生命教育理论。

1. 生命哲学理论

生命哲学的哲学家们不再把生命看成精神、感性、理性等一系列因素的“载体”，而是将生命看成自己对存在世界中的体验、感受和领悟的活动过程，这是生命哲学的基本特征。生命哲学更强调人的心理活动、自我感受和存在意义。

首先，生命哲学理论诠释了生命自身的重要性，其主张人们全方位审视自己的肉体和精神生命，去全方位感受生命的存在和意义。生命哲学这种对生命的哲学反思态度，促进了人们对自身生命的重视，进而也在对生命的科学态度、理性思考和感性追求上影响着人们的行为。其次，生命哲学理论对生命教育理论的客观引导。高校安全教育的受教群体主要是已经具有一定知识水平和生命认知的大学生，单纯的、机械的安全教育难以适应其内在的生命认同需求，从生命的哲学精神、现实价值和生命意义等来入手开展，来进行全方位的高校安全教育更容易获得其共鸣，但也必然要求基础理论来指引。生命哲学适应了大学生年龄段对自身的审视心理，也能够影响其在对生命意义辨析的基础上规范自身的行为和尊重他人的生命价值，这点在纷乱虚拟的互联网中的作用更加明显。

2. 生命哲学的中心议题

生命哲学肯定人的生命活动，将“高高在上”的哲学视角下移搭配生活世界，把生命作为基本对象。生命哲学将目光聚焦在人类的精神领域，探究生命概念所延伸的可能范围，其将赋予人“生命经验”很高的地位，将现实生活世界的经验提升到真正的哲学高度。

在生命哲学理论看来，生命本质是“内在的创造性力量”，无论是“生命意志”还是“生命冲动”都是其体现。它既没有把生命看成唯物主义的特殊物质，也没有把生命看成唯心主义的永恒的灵魂，而是强调生命自身所拥有的内在创造力，这也是生命反作用于世界的核心力量。在现实生活中，健康的人颓废萎靡而身陷困境的人不息奋斗这样的景象屡见不鲜，正是内在生命力量作用的体现。生命是一种强大的力量，这种力量和其内在的创造力源于人自身的意志。

生命哲学理论以生命为对象，对人自身的审视进入生命自身的领域，生命的体验来自自己的生活和周围其他人的生活，并试图通过科学理论把生命和意志、精神联系起来，并分析生命的能动性。

3. 生命教育理论

生命教育是根源于生命哲学的一种教育理论，其核心是以“人”为中心，进行“全人教育”（Holisticeducation）实现受教育者的身体、思想、灵魂等的健全成长，类似于德、智、体、美全面平衡发展。杰·唐纳·华莱士从理论层面上构建了“生命教育体系，并通过开办同时，学校来积极进行生命教育实践，将生命教育理论与教育实践相结合，他也因此被称为“美国生命教育之父”。经过几十年的发展，生命教育理论对美国乃至世界生命教育的发展产生着积极而深远的影响。生命教育理论已经成为流行于全球的教育理论，其“认识生命、欣赏生命、尊重生命、爱惜生命”的教育目标获得了比较广泛的认可。

在生命教育理论中，狭义的生命教育指对生命自身的关注，包括个人生命、他人生命、自然生命等相关内容；广义的生命教育延伸到生命相关的因素，进一步拓展到生命意义、生存价值以及生活方式等相关因素的教育。生命教育关注受教育者的个人及社会生命价值的实现与提升，尤其关注生命及生命个体。

在生命教育实践中，最为基本就是尊重生命价值，引导受教育者认知生命的重要性和内在价值，在此基础上认知生命的活动轨迹，形成对生命的全新认识。

在刘济良教授看来，生命教育理念是“关于未来教育发展的理想的观念，他是未来生命教育发展的一种理想的、永恒的、精神性的和终极的范型”[①]。任何教育的教育核心都是“人”，尊重人的生命本质也是教育的题中之义。如现代教育对于个体的全面成长的关注和培养受教育者实现自我价值的能力是显而易见的。如果学校的知识教育、人格培养、思想引导等不能与受教育者的生命相匹配，教育显然就难以落到实处。高校教育主体对生命本质需要的追求更加明显。高校安全教育的直接价值

① 刘济良. 生命的深思：生命教育理念解读 [M]. 北京：中国社会科学出版社，2004：3.

体现着生命教育的精髓，比如，网络安全教育就对受教育者的肉体生命和精神生命给予了极大关注，而高校的安全教育目的也在于让受教育者形成完整安全意识。

在社会主义先进文化的建设和高校教育中，“人文”与“生命”视角日益受到重视。人文生命视角的理论价值和实践价值凸显，但是伴随着高等教育的快速发展和网络文化的多元发展，各种思潮与价值观、庸俗的文化内容和生活观念等不断涌现，冲击着高校的教育生态和学生的认知。从“人文生命”角度关注受教育的大学生的生命全面发展，不失为一种稳定而良性的教育实践。

4. 生命教育理论的现实意义

生命教育理论拥有坚实的哲学基础、生命伦理学基础、心理学基础和教育学基础，其实践性非常强，这一理论从受教育者的自身具体情况和心理状态出发，并结合了广泛的社会实际，从多个角度对受教者的思想、行为和全面发展进行指导。纵观当前世界各国的生命教育的现状，我们可以发现丰富的实践意义。

生命教育涵盖了生存意识教育、生存能力教育和生命价值教育三大层次，具体结合教育人物来看，可以分为六大类。第一，人生教育，主要包括出生教育、养生教育和生死教育等；第二，社会道德和人伦教育，主要包括亲情教育、友情教育、人际教育等；第三，社会教育，包括信仰教育、价值观教育等；第四，人格教育，包括心理教育、品格教育等；第五，人文历史教育，包括历史教育、哲学教育等；第六，伦理教育，包括尊重生命教育、伦理价值观念教育等。

由此我们发现，生命教育理论在实践层次的覆盖非常广泛，而且具有强烈的个人发展和社会环境的针对性。尤其在心理引导、精神指引及人文关怀方面更加侧重。在虚拟性的网络空间中，这点尤为重要，对于培育受教育者养成正确的网络安全观念发挥着非常积极的作用。如果将生命教育理论应用到高校网络安全教育体系中，能够促进大学生建立积极向上的信念理想，促进大学生身心全面健康发展。借助生命教育理论，高校网络安全教育可以将价值观、思想道德、心理调节、自然保护等相关教学内容与生命教育相连，促进受教育者个人对包括自身在内的生命加以尊重，促进不同社会群体的良性互动、共同生存与发展。

高校生命教育能够将思想政治教育、价值观教育和青少年人生教育结合起来，并探索富有时代性和多维度实践性的教育内容。利用生命教育，可以进一步帮助大学生树立正确的人生观和价值观，不断提升大学生的自我保护能力和社会适应力，也能促使大学生树立社会责任意识和道德责任感，在自己的生命实践中规范自身行为。

（三）高等教育管理理论

高校网网络安全教育和高校网络安全意识体系建构，自然离不开高等教育管理理论的支撑。高等教育管理理论与高等教育政治理论、经济理论和文化理论等密切相关，并起着重要的协调作用。只有在良好的高等教育管理理论指导下，高等教育各层面才能形成合力。我国著名高等教育家姚启和提出管理是“组织与协调他人的共同活动收到个人单独活动所不能收到的效果，并配置有限的资源，以实现预定目标的过程”①。

① 姚启和 . 高等教育管理学 [M]. 武汉：华中理工大学出版社，2000：2-3.

从管理的角度出发，高等教育管理学是研究高教管理的现象及其规律的一门应用科学。一方面它具有较强的理论性和系统性；另一方面也具有实践性和指导性，能够帮助高等教育管理人员进行科学、理性、系统的协调管理。高等教育管理理论也是高等教育管理者在制定高等教育的教育内容规划、学校发展规划、管理制度、机构设置、改革方案等的理论基础。管理者需要通过自己的理性思考，将理论指导体系与实践经验教训结合起来。

1. 高等教育管理理论与高校网络安全意识体系建构

在高校安全体系建构中，主要内容包括高校安全体系的理论体系、建构方法、实践方法、评估策略等。高校的安全体系建构，从领域来说主要包括保障教育主体生命财产安全、建立健全高校安全保障制度、防范高校安全教育事故和开展高校安全教育等方面。

高等教育主要有两项基本任务：第一，培养全面发展的大学生人才；第二，输出科研成果，前者是后者的基础和保障。因此，大学生的安全也是高等教育管理的基本目标和重要人物。高等教育管理的对象包括“教育主体”和“教育客体”，其中最主要对象就是教师和大学生，当然也包括高校的管理者和服务者。高等教育管理的主要过程就是将他们融合成统一的整体，共同服务于高校校园的建设。高校的网络安全体系建构也需要包括教师、大学生、管理者、服务者的协作。体系建设的核心因素是“人”，自然需要关注高校人的活动，高校人如果有不正当的行为，容易成为不安全的因素，从而产生不安全的作用，人的生命、财产和心理安全也会可能会受到伤害。

建立高校安全保障制度是高校开展其他工作的前提和基础，而建立这个保障制度需要完善的管理体制和管理机制来保障。没有完善的管理体制和机制，就难以协调高校不同部门，无法实现高校各职能部门、教学单位等为同一目标前进。高等教育管理体制和机制是高校教育管理的行动准则和操作须知，需要管理者、教育者和受教育者共同遵守、共同执行。

扎实有效地开展安全教育是建立高校安全保障制度的重要职责和使命，需要引起高等教育管理者的重视。高校管理者是高校教育管理活动的承担者，也是高校教育组织意志的代表。高校管理者有责任和义务保证高校正常开展安全教育，这也是高校管理者在高校管理过程中的主要管理内容之一。教育质量是判断高等教育的基础标准，而防范安全事故的发生、能否建构起高校网络安全意识体系也是评价高校管理质量和水平高低的重要标准。高等教育的质量该如何衡量呢？我们通常通过评估、评价、检查、审核和交流等常规系统来进行。具体到高校网络安全意识体系建设，也需要从体系的“质量保证”和“质量控制”来评估、评价、检查、审核（或者委托第三方质量认定评估权威机构），并在不断地交流中尽量做到客观均衡。

2. 高等教育理论的价值诉求

世界范围内的高等教育实践多种多样，在不同时期、不同国家之间大有不同，甚至同一国家的不同大学也面貌迥异。这是因为与自然科学的定量性评价不同，高等教育本身就是偏重“定性”意义的建构。但是我们通过理论研究，能够把握高等教育的历史演变，能够洞察高等教育的时代发展趋势，能够探究影响高等教育的因素。

通过建构高等教育理论，我们可以进一步确定高等教育的价值指向，并通过对我国高等教育现实问题和实践路径的分析，指出高等教育的价值诉求。当然，特定的理论的自身逻辑呈现出“闭环性”，一旦建构或者或接受了教育理论，就容易某种程度上被“禁锢”在理论的框架中，所以高等教育是否具有健全、系统、稳定、合理的价值诉求就显得尤为重要。

所以，高等教育理论应该特别注重从高校教育的实际出发，只有“事实”才能反映高校的教育实际。具体到高校网络安全教育领域和网络安全体系建设，也要从网络实际出发，尤其要从高校网络实际和大学生网络心理出发。

但是我们必须清楚，社会科学领域的“理论”会随着社会现实的变化和人们认知水平的变化不断发展革新。也就是说，理论只是我们发现真理的一种媒介，需要不断地完善来指引我们认识现实和改造现实的实践的活动。网络世界日新月异，我们也要通过观察从网络中不断积累的基础材料，避免理论陷入单一视角，因为在阉割事实基础上得出的理论是很容易出现偏差，价值诉求上也容易随之出现偏差。

3. 高等教育理论的现代探索

现代高校教育管理理论基于对传统教育理论的负面效应批判，逐渐提升对受教育者的“主动性”的认识，倡导教育者与受教育者的平等对话，强调教育理论和教育环境的开放与创造，否定教育管理上片面的中心论与等级论，重视每个受教育者的差异性与多元化、注重培养受教育者的探索创新精神，这也显示出高校教育理论的新探索特征。

高等教育理论强调“差异性”。现代教育更加重视和尊重每一个受教育者的个体差异性，尊重受教育者的多元化发展。当今世界，多元文化、多元内容也使得教育的内容大为丰富。千篇一律的教育目标很大程度上已经不能适应当代社会现实和学生的成长实际，强调各种各样的差异性，尤其强调受教育个体差异性，也是生命教育的理念。但是寻求各种“多元发展”并不意味着野马脱缰，尤其在思想政治教育领域仍需要确立“权威的声音”，即确立马克思主义和中国特色社会主义理论的指导地位。高等教育理论既要关注学生的主体性、丰富性、独特性，也要追究核心价值观的“同一性”，只有这样才能保证社会主义主流意识形态的主导地位。

高等教育理论强调“自主性”与“创造性”。当代教育理论既重视受教育者的“差异性”，也注重教育实践过程中每一个成员的自主性与创造性。当代教育观念，更加重视教育实践与变动的社会现实的适应，把教育看成一个动态发展的过程。当代教育理论主张要启发受教育者的自主学习，这一点在学生充分利用网络丰富的学习资源上非常重要，也对学生自主适应网络环境非常重要。随着网络的发展，当代大学生与网络世界的关系日益密切，学生自身的网络行为不可能由教育者或者学校时时监管，这就需要学生自主地去思考，判断和定位自己和他人的网络行为的正当与否。即使在日常教育中，当代高等教育所提供的内容、引导素材也大为丰富，具有多样性、疑问性、启发性的特点。因此，在教育过程中师生共同参与教育内容的意义成为常态；探究式的、自组织性的教育模式，也使得教育本身呈现出动态性和开放性的特征。

高等教育教育理论强调“主体性”和“多元化”。当代教育的组织架构不是自然的而是人造的，教育中不断发挥成员的主体性，能够更好地兼顾不同主体的施教和受教诉求，发挥不同主体的能动性，实现师生平等对话、交流，代替传统教育中单向灌输方式也是必然要求。在此基础上，解决各种教育内容和管理问题，需要倡导多元的、多样化教育管理方法。当代高校教育管理机制打破了传统管理中的“机械管理”机制，使得身为受教育者的大学生也作为参与主体投入到新的管理机制中去。在管理过程中，通过教育者与受教育者的双向交流和沟通，能够更容易体察受教育者的内在诉求，管理机制也能在多视角碰撞、多视界融合中高效地发挥作用。在教育者与受教育者的对话中，不同主体之间坦诚交流，也有利于共同营造积极的校园精神文化氛围。

总之，高等教育理论需要创新学生教育工作理念、构建新型的学生教育模式、建立新型的教育管理师生关系，这是当代社会发展和大学生全面发展的必然要求。高校教育理论应该充分尊重大学生的自主性和创造性，认识到多元社会尤其是网络社会的复杂多样，一方面重视对大学生的方向性指导；另一方面也要提倡真正意义上自主学习实践。此外，由于信息化、网络化的加速，网络上西方文化思潮大量涌入，各种不良内容和信息四处散播，不同程度地冲击着当代大学生的思想，冲击着大学生的价值观念，因此高校教育理论和高校管理工作也必须加强针对性和实效性。

第七章　高校网络安全意识体系建构对策

一、网络安全建构理论

前文已经从理论层次阐释了习近平总书记提出的网络安全观，重点分析了网络安全观对高校网络安全意识体系建构的理论指导意义。高校网络安全意识体系建构最终还是要落实到实践中。此处结合我国网络安全现状，进一步分析网络安全观对该体系建设的实践指导意义。

高校网络安全意识体系建构深受网络的开放性、虚拟性等特征的影响，其自身几乎与网络生态上的各个元素都有所联系，无论是外来的影响还是建设的指向上，都具有极大的开放性。因此，此处也从更为宏观的视角来审视这一体系的建设，包括构建网络空间“命运共同体”，走中国特色治网之路，发展网络核心技术、建设网络人才队伍，实施网络强国战略等内容。这种宏观的视角也是网络安全观高屋建瓴的理论指导地位使然。

（一）构建网络空间“命运共同体”

构建网络空间“命运共同体”是网络安全主权观和网络安全国际观的重要部分。这也是党的十八大以来，习近平总书记总结“我国网络安全和信息化工作取得的历史性成就、发生的历史性变革”，形成具有中国特色的网络安全思想的重要组成部分。其在网络安全领域具有宏观指导作用。

伴随互联网发展，网络安全问题不再是某一国所面临的情况，需要全球协作。在国际网络安全方面，习近平总书记指出，“全球互联网治理体系变革进入关键时期，构建网络空间命运共同体日益成为国际社会的广泛共识”[①]。而在更早的2016年第二届世界互联网大会开幕式上，习近平总书记就提出了“共建网络空间命运共同体”倡议，倡导国际社会协力推动建立民主、安全、透明的全球互联网治理体系。2022年11月9日，习近平总书记向2022年世界互联网大会乌镇峰会致贺信，总书记在信中再次强调，“加快构建网络空间命运共同体，为世界和平发展和人类文明进步贡献智慧和力量”。

但是网络安全问题下的网络主权问题使得构建网络空间命运体面临着众多困难。一些西方国家利用自身的网络技术优势，对他国进行网络攻击和网络渗透。在这样的情况下，我国网络安全空间安全方面面临着严峻考验，习近平总书记在2018年的全国网络安全和信息化工作会议上强调，“没有网络安全就没有国家安全”，构建网络空间命运共同体与维护国家网络主权并不冲突，也可以说，维护国家网络主权是构建网络空

① 人民日报．习近平致第四届世界互联网大会的贺信 [N]. 人民日报，2017-12-04（1）.

间命运共同体的基础。

如今，网络空间成为继陆地、海洋、天空、太空之外人类活动的“第五空间”已经成为广泛共识，尤其多元文化在网络上的汇聚和网络意识形态渗透，更加凸显了网络空间主权的重要性。

在维护网络国家主权方面，习近平总书记指出：“网信事业发展必须贯彻以人民为中心的发展思想。”做到这一点，一方面，需要深入开展网络安全教育，宣传普及网络安全知识，提高广大人民群众的网络安全意识和网络防护技能；另一方面，需要加强网上舆论宣传，做好网络舆论管理工作。网络安全空间的建构，需要全民的参与，综合各种力量参与治理，能否调动网民积极性和联行行业各主体的自律意识非常重要。

网络安全是国家安全的非传统领域，前文笔者就网络领域的安全问题尤其高校网络安全问题进行了详细分析。网络安全空间建构要“以人民为中心”，那么高校网络安全意识体系建设也要“以大学生为中心”。大学生具有较高的知识文化水平，与网络关系密切，但也同时易遭受西方网络意识形态的渗透。正确引导大学生在网络上的价值观，唤起大学生的网络主权意识有着重要作用，这也是网络意识形态安全的重要内容。

在维护网络主权的基础上，推动全球互联网治理体系变革，构建网络空间命运共同体也是网络安全空间建构的重要外部环境因素。习近平总书记针对推进全球互联网治理体系和共建网络空间命运共同体，提出的“四项原则”“五点主张”，为网络空间命运共同体提出了解决之道。

“共同构建网络空间命运共同体”为推动全球网络互连互通、共享发展注入了中国理念、中国智慧，具有重大的现实意义。共建网络空间命运共同体的全球倡议之所以得到国际社会的广泛赞誉，主要是因为这一倡议具有坚实的现实依据。第一，互联网技术的发展使得网络全球化，“信息时代”网络已经超越国界，渗透到人类社会的角角落落。但是网络全球化也滋生出一系列网络公共领域难题，威胁到全人类社会的共同利益。因此，展开网络空间的国际合作，共同打击国际网络犯罪成为普遍共识。第二，国际互联网发展水平和当前全球互联网治理水平并不匹配，国际互联网的混乱局面到了亟待治理和规范的地步。我国目前是全球网民数量最多的互联网大国，有责任为解决国际网络空间治理难题贡献力量。习近平总书记审时度势、顺势而为，提出中国共建网络空间命运共同体理念。

习近平总书记倡导的网络空间共同体理念提出了“网络主权原则、权利平等原则、多元共治原则、合作普惠原则”。四大原则对于缓和国际各国在网络层面的冲突、协同治理网络问题有重要的指导作用。网络安全是国家主权在网络领域的具体体现，网络主权是网络自由的基础，我们必须坚决反对网络霸权国家借口网络自由，对其他国家进行网络攻击、颠覆和渗透工作，损害他国网络主权。无论是网络道德失范、网络暴力还是网络文化安全等方面，都呈现出跨越国界的情况，高校网络安全教育和网络安全体系的建设自然也要高举“网络主权”的大旗，时刻不忘维护国家网络主权，抵制一系列对国家网络主权的侵害行为。“权利平等原则、多元共治原则和合作普惠原则”则为网络命运共同体建设的实践提供了具体的指南，在维护国家网络主权的情况下，全球协调网络空间治理、共享互联网发展成果是构建网络命运共同体的基本路径。

（二）走中国特色治网之路

2023年3月16日，国务院新闻办公室发布了《新时代的中国网络法治建设》白皮书，全面系统介绍了中国特色治网之路。[①] 白皮书就“坚定不移走依法治网之路、夯实网络空间法制基础、保障网络空间规范有序、捍卫网络空间公平正义、提升全社会网络法治意识和素养、加强网络法治国际交流合作”六大部分阐释了我国网络治理情况。

回首过去数十年，我国网络行业一直处于高速发展之中，网络建设取得了全球瞩目的优异成果。在维护我国网络安全与稳定、国家安全和人民信息安全上，走出了中国特色的网络治理之路。

当今世界，国际发展和关系日益复杂，网络领域也在加速演进，我国面临着传统安全与网络安全威胁交织的复杂局面。党的十八大以来，以习近平同志为核心的党中央把国家安全作为头等大事，提出了“没有网络安全就没有国家安全，就没有经济社会稳定运行，广大人民群众利益也难以得到保障”的科学论断。党的二十大报告中也指出“推进国家安全体系和能力现代化，坚决维护国家安全和社会稳定。必须坚定不移贯彻总体国家安全观，把维护国家安全贯穿党和国家工作各方面全过程，确保国家安全和社会稳定”的论断。这些重要论断深刻阐明了新时代中国建立国家安全体系的重要性，为中国特色治往网之路奠定了理论基础。

1. 筑牢网络安全防线

随着网络社会发展，网络社会的矛盾和各种问题也日益凸显出来。我们必须弘扬和践行社会主义核心价值观，坚持社会主义网络法治意识，

① 人民日报.坚持走中国特色网络法治之路[N].人民日报，2023-03-16（10）.

提升网络安全策略，筑牢网络安全防线。在此方面，我们有中国特色的优秀文化基因和中国特色社会主义理论体系指导。

在网络安全领域，无论是加强中国传统优秀文化宣传、弘扬传统优秀道德理念，还是积极有效开展党史国史教育等，都是着眼于中国实际、中国理论的基础上来完善网络空间。第一，加强对网络空间的正面引导。在网络迅速发展的情况下，网络已经形成了“全民参与”的局面，所有网络社会成员都应该是弘扬和实践社会主义意识形态、维护网络安全的主体。在网络运行时，相关部门要运用互联网开放性和互动性，做好正面引导。第二，站在政治的高度审视网络安全问题。互联网已经成为中国经济、政治、文化等方面的重要组成部分，对其带来不可忽视的巨大挑战和影响。“重视政治工作”是中国共产党的优秀传统，也是中国特色社会主义建设的优秀传统，相关部门应该从政治的高度去统领网络安全治理问题，把维护网络安全作为执政、施政的基本任务之一；并以“为人民服务”，大力发展网络生产力和技术水平，有效保障全民的网络使用权益，使得大众能够高效、安全、稳定地使用互联网络。

2. 中国特色网络法治之路

中国特色治网之路中，非常重要的就是中国特色网络法治的成就。习近平总书记在全国网络安全和信息化工作会议上指出，“要推动依法管网、依法办网、依法上网，确保互联网在法治轨道上健康运行”[①]。近年来“健全网络法律，依法治网”是中国特色网络法治之路的指导理念。没有法律准绳，网络就像是脱缰的野马一样很容易失控。相关职能部门

① 张晓松．敏锐抓住信息化发展历史机遇自主创新推进网络强国建设 [N]. 经济日报，2018-04-22（1）.

在加强管理职能的同时，也要正确运用法律手段规范网络行为。法治化管理也是网络走向稳定发展的必然之路。互联网的发展，需要完善的法律体系来为其长久发展提供基础保障作用。

执法部门依法管网，维护互联网秩序；立法部门加强网络顶层设计，推动网络相关法律法规；监管部门依法管网治网，提升管理能力，承担起网络安全监控责任；广大网民依法上网，规范自己的网络行为，保护自己在网络上的合法权益。多方都在“法治之道”的基础上协作，用法律手段维护互联网的健康发展。

在立法领域，党的十八大以来，我国积极推进网络立法相关工作，先后制定了《中华人民共和国网络安全法》《中华人民共和国电子商务法》《中华人民共和国数据安全法》《中华人民共和国个人信息保护法》《关键信息基础设施安全保护条例》《中华人民共和国反电信网络诈骗法》等专门法律，不断完善了相关法律制度规范，初步形成了相对完善的网络法律体系。2016 年制定的《网络安全法》是网络安全领域的基本法律，确立了维护网络产品和服务安全、网络运行安全、关键信息基础设施安全等基础制度措施。《中华人民共和国电子商务法》，全面规范了电子商务经营行为；《中华人民共和国数据安全法》，在数据安全领域建立了完善的法律制度；《中华人民共和国个人信息保护法》，明确网络上个人信息活动中的权利义务边界；《中华人民共和国反电信网络诈骗法》，为预防、遏制和惩治电信网络诈骗提供了法律支撑。这五部专门法律在网络安全领域的巨大作用尤其值得肯定。

在网络普法领域，党的十八大以来，司法部、全国普法办等相关部门，认真贯彻落实习近平法治思想和网络安全观，以“网络强国”重要思想为指导，长期基础性地开展网络法治宣传教育工作，提升全社会成员的网络法治意识和素养。

在普法制度方面，我国的网络普法制度设计日益完善。做到了互联网思维和法律思维的结合，并接触网络全媒体深耕全民网络普法。在普法平台方面，线上线下平台融合，学校教育和社会公益普法相结合，普法工作稳步推进。在普法作品方面，文字、图片、视频等多种形式的网络普法产品日益丰富，作品主体也日益丰富，在全国宪法宣传周、全民国家安全教育日、民法典宣传月等重要时节，相应的普法产品输出更是集中。尤其需要注意的是，像微博、微信公众号、App 客户端、视频号等网络途径的普法宣传更加灵活，对于新时代的大学生来说，更加亲切熟悉，更能够引起大学生的共鸣。

在网络执法领域，有关部门积极开展对网络道德失范行为的治理工作，打击整治网络暴力。在广为大家诟病的“网络暴力”方面，执法进步十分典型。中央网信办制定出台了《关于切实加强网络暴力治理的通知》，在通知的指导下，各网站平台已经建立起比较健全的网络暴力防治机制，采取拦截清理涉网络暴力信息、提示网民文明上网、发送网络防护提醒，从严惩处施暴者等手段，有效地治理了网络暴力事件。无论是网络道德失范、网络暴力还是网络文化安全等领域，相关执法和管理部门，通过建立“风险提示、防护提醒、私信保护、举报投诉”等维度制度，坚决维护广大网民的合法权益，维护网络安全稳定。

（三）发展网络核心技术，建设网络人才队伍

网络技术和网络空间的“双刃剑”效应正日益凸显，网络在给社会发展、日常生活带来巨大的便利的同时，也带来了复杂的新挑战。互联网领域的数字信息基础设施，更容易成为高级别网络攻击的目标，甚至上升到国家层面的网络攻击，“网络战”“信息战”早已成为公认的国际间竞争和对抗的新领域。

与此同时，伴随着网络的数字化水平不断提高，新技术、新算法、新平台等在网络上被广泛应用，其潜在的各种安全漏洞也容易被恶意利用，一旦技术防护不足以消除这些潜在的威胁，网络安全风险必然也随之提升。网络的“双刃剑”效应不断增强，成为诱发各种网络安全隐患和社会问题的重要原因。

网络安全风险也进一步从网络的虚拟世界转进到现实世界，随着网络世界和现实世界日益紧密，社会生产和日常生活日益“数字化”，尤其产业的数字化转型、教育的数字化发展、商业生活的数字化体系等进程不断加速，传统封闭的生产、学习、生活、商业等环境已被打破，互联网安全风险早已突破简单的计算机和网络系统物理安全的范畴，上升到与网络系统几乎所有相关的领域。一旦发生网络安全事件，除了传统的物理损失和伤害外，甚至还将影响网络主体的身心、财产安全，威胁国家安全和经济社会稳定。

科技是第一生产力、人才是第一资源、创新是第一动力。网络技术迭代迅速，维护网络安全、搭建网络安全体系，需要强大的技术支撑和网络人才队伍的管理和维护。加大投入发展网络核心技术，加强人才

培养，全方位建设网络安全人才队伍是网络安全体系建构的必由之路。2016 年 4 月 19 日，习近平总书记在网络安全和信息化工作座谈会上指出，“网络空间的竞争，归根结底是人才的竞争。建设网络强国，没有一支优秀的人才队伍，没有人才创造力迸发、活力涌流，是难以成功的”[①]。

1. 网络安全人才队伍建设现状

习近平总书记“网络空间的竞争，归根结底是人才竞争”的论断，为我国网络安全体系建设的人才培养指明了道路。我们需要正视自身网络安全面临的形势，突破网络安全产业的核心技术、建设高质量的网络安全人才队伍刻不容缓。而且，突破核心技术的关键也需要合格的网络安全人才队伍。

培育高质量的网络安全人才队伍。需要进一步优化人才培养体制机制，为网络人才发展提供良好条件和环境，建立灵活的人才激励机制；高校在网络安全人才培养上，也要下大功夫、下大本钱，请优秀的老师，编优秀的教材，招优秀的学生，建一流的网络空间安全学院。网络技术是偏应用的技术领域，也需要在基础研究带动下实现突破。加强网络安全人才队伍建设的措施上，要坚定“创新驱动”发展战略理念，注重于核心技术和基础领域的研究突破；要努力推进核心技术成果的转化和产业化，将人才培养和网络技术发展的成果更多应用到网络安全上来。

近些年，我国围绕网络安全人才队伍建设作出一系列重要战略部署，2007 年，教育部成立高等学校信息安全类专业教学指导委员会；2012

---

① 习近平 . 在网络安全和信息化工作座谈会上的讲话 [EB/OL].（2016-04-25）[2023-05-01]. http：//www.gov.cn/govweb/xinwen/2016-04/25/content_5067705.htm.

年，国家出台了《国务院关于大力推进信息化发展和切实保障信息安全的若干意见》，从师资队伍、专业院系、学科体系、重点实验室建设等方面，为高校的网络安全研究提供政策支持；2014年，中央成立网络安全与信息化领导小组；2015年，国务院学位委员会决定增设“网络空间安全”一级学科，后来清华大学、北京交通大学、山东大学等27所高校获得了一级学科博士学位授权点，为网络空间安全科研奠定了高校人才基础。与此同时，国家设立网络安全专项基金，对网络安全杰出人才、网络安全优秀教师等进行奖励，网络安全专项基金对网络安全人才培养基地建设及其他相关工作起到了重要的促进作用。

当前网络安全人才队伍建设依然面临着一些问题。第一，网络安全人才总量不足。目前，我国网络安全人才年培养规模在3万人左右，远不能够满足社会发展和网络发展对网络安全人才的需求。第二，缺乏世界一流的“网络安全学院”，核心科研能力距离国际一流水平仍有较大差距。第三，“产学研”一体的良性生态还要健全完善，系统性不够完善使得网络安全人才培养的效率和实践有待提升。

基于对网络安全人才队伍建设，尤其是面临的一系列问题，笔者认为应该在以下几个方面加强工作。第一，建设足够多的一流的网络安全学院，提升网络安全人才培养和技术攻坚水平；第二，为网络安全人才培养提供更多的基础条件支持，如加大科研基金投入和人才激励机制，添置更多基础研究设备等。第三，推动高等院校与企业协同创新，进一步实现“产学研”的高度融合，鼓励企业深度参与高校网络安全人才培养工作，推动高校、科研院所科研成果的应用转化。

高水平充足的网络安全人才队伍是建设网络安全体系的保障。虽然近年来我国网络建设和网络人才培养取得了举世瞩目的成就，但是网络人才短缺的形势依然比较严峻，而且在核心技术领域高技术人才的缺乏也较为普遍，甚至出现受制于人的现象，极大威胁了国家网络安全。具体到高校网络安全领域，许多高校自身的网络安全人才不足，维护校内网、局域网的安全尚显乏力，更无力承担起建构高校网络安全意识体系的全面职责。高校应该加大网络人才培养力度，做好相关人才引进，加快填补人才供需重大缺口，打造数量充足、技术过硬的网络安全人才队伍是维护高校网络安全的当务之急。

2. 网络安全技术攻关

网络技术水平和网络人才维护网络安全的“一体两翼”。发展网络技术，一方面要推进网络技术自主创新，研发切实有效的网络安全技术，努力突破国外对一些互联网核心技术和终端操作系统、根服务器等的垄断局面；另一方面要加强网络舆情研判引导指挥系统建设，建立大数据支撑中心，强化发展网络环境治理技术。

网络安全技术是开展网络安全体系建设的坚实基础，我们要深刻认识到网络技术发展面临的复杂严峻形势，坚持用全面、辩证、长远的眼光来发展网络技术，将网络技术发展放到战略性、基础性、先导性的高度，全力推进网络安全技术产业的发展。

如今，网络安全已经成为衡量国家竞争力的重要因素，一些西方国家采用技术封锁、技术脱钩等方式，维护自身在网络上的优势地位。我们需要加强核心技术攻关，来打破这种技术垄断和封锁。我们一方面应该加强在人工智能、5G 技术、云计算等前沿技术的攻关力度，实现网络高新技术上的自立自强；另一方面要拓宽网络技术应用的深度与广度，聚焦网络技术的产业化应用与升级。

3. 加强网络文化安全工作人才队伍建设

据观察者网报道，早在2013年，世界上已经47有个国家组建了专业网络战部队①，这从侧面上也显示加强网络文化安全工作队伍建设的重要性和迫切性。我们需要以系统、全面的眼光来审视网络文化安全工作人才队伍建设，综合发挥智囊层、管理层、保障层、基础层等不同层面的人才队伍的建设性作用。智囊层上发挥智库队伍的智囊作用；管理层上发挥职能部门的执法作用；保障层上发挥网络监管人员的监控作用；基础层发挥广大群众的监督作用。

网络安全斗争场景复杂，可以加强网络兼职工作人才力量建设。比如，组建名人名家“意见领袖”团队，正确引导社会舆论；将统战工作人才纳入到网络监管队伍，提升威胁网络安全的不良信息和内容的鉴别能力。总之，网络文化安全工作建设需要两手抓，一手抓技术，一手抓人才，筑牢网络文化安全阵地防线，让亿万网民享受安全、稳定、文明的网络空间。

（四）实施网络强国战略

当今世界的综合国力竞争，已经由传统的军事实力、科技实力和经济实力等硬实力的竞争延伸到文化实力、网络实力的软实力竞争。2018年，在全国网络安全和信息化工作会议上，习近平总书记指出，“我们不断推进理论创新和实践创新，不仅走出一条中国特色治网之道，而且提

① 观察者网.联合国裁军研究所：47个国家组建网络战部队[EB/OL].（2013-06-08）[2023-05-01].https：//www.guancha.cn/Science/2013_06_08_150149.shtml.

出一系列新思想新观点新论断，形成了网络强国战略思想”。他用“五个明确”高度概括了网络强国战略思想，即明确网信工作在党和国家事业全局中的重要地位，明确网络强国建设的战略目标，明确网络强国建设的原则要求，明确互联网发展治理的国际主张，明确做好网信工作的基本方法。明确网信工作在党和国家事业全局中的重要地位，明确网络强国建设的战略目标，明确网络强国建设的原则要求，明确互联网发展治理的国际主张，明确做好网信工作的基本方法。[①] 为建设我国网络强国战略提供了思想武器和理论支持，并为建设网络强国战略的具体路径提出了规划。

党的二十大报告提出，加快建设制造强国、质量强国、航天强国、交通强国、网络强国、数字中国。这是继 2021 年“十四五”规划明确提出“网络强国”的建设目标后，党中央再次着重强调网络强国，为我们接下来的网络安全工作指明了方向。

1. 网络强国建设是社会主义事业的必然要求

自 20 世纪 60 年代互联网诞生以来，网络世界已经走过了半个多世纪的历程，尤其 20 世纪 90 年代以来，国际互联网迅猛发展，一方面，网络广泛的商业化已经渗透到人们生产生活的方方面面，某种程度上说，互联网已经成为全球性生态空间；另一方面，互联网前所未有地将世界联系在一起，互通互联的网络使得“地球村”进一步成为事实。

互联网建设事业已经成为我国社会主义事业的重要组成部分，在党和政府的建设规划中，网络信息产业也成为关键要素。网络强国也是我

① 冯果 . 以网络强国战略思想指引网络强国建设 [EB/OL].（2018-05-04）[2023-05-01].http：//theory.people.com.cn/n1/2018/0504/c40531-29964351.html.

国网信事业发展的重要目标，正如 2017 年外交部和国家互联网信息办公室共同发布的《网络空间国际合作战略》提出：“建设网络强国的宏伟目标是落实“四个全面”战略布局的重要举措，是实现“两个一百年”奋斗目标和中华民族伟大复兴中国梦的必然选择。[①]”

如今，我国的网络信息产业迅速发展。从产业发展来看，2021 年中国数字经济规模达到了 45.5 万亿元，占 GDP 比重达到 39.8%，以互联网为代表的数字产业在经济社会发展过程中发挥着越来越重要的作用。与此同时，我国的网络基础建设也取得了长足进步，仅就近年来而言，我国就系统推进 5G、千兆光网、数据中心建设发展和传统基础设施改造升级，建成全球最大的 5G 网络，在云计算、大数据等前沿数字技术领域也取得了全球瞩目的成就。我国目前比较坚实而系统的网络基础设施也为加快建设网络强国奠定了重要基础。

当前大国的网络领域的竞争越发激烈。某些西方国家遏制我国前沿科技发展之心不死。面对“卡脖子”的局面，要实现社会主义事业的稳定发展，我国迫切需要推进科技创新，尤其要着力发展以网络技术为代表的前沿技术，这也是实现网络强国的重要保证。

2. 网络强国建设是网络事业健康发展的必然要求

当前，以新兴网络科技所代表的“第四次科技革命”发展越发深入，能否争夺在互联网领域的主动权，事关国家间的科技竞争的成败，事关社会主义事业未来发展大计。因此，网络强国建设的重要性日益凸显。网络强国建设与社会发展、经济建设密切相关。像人工智能、大数据、

① 耿召. 我国为什么要加快建设网络强国 [EB/OL].（2022-11-23）[2023-05-01].https：//www.thepaper.cn/newsDetail_forward_20843657.

云计算等技术日益融入到社会经济各领域，为经济、贸易、运输、医疗等各领域的发展提供了强力支撑，也日渐融入人们的日常社会生活，在人们的生活、购物、学习、娱乐等方面发挥着重要作用。

伴随着网络事业快速发展而来的还有各种各样的网络问题，促进网络事业平稳健康发展已经成为重要的建设课题。党的二十大报告中客观地指出，“十年前网络舆论乱象丛生，严重影响人们思想和社会舆论环境”。我们正是通过一系列网络治理和建设举措，才稳定住互联网发展大局，网络生态持续向好。

网络安全风险与我们密切相关。互联网可以说是当前时代最具发展活力的领域，但也可以说是当前时代的最大变量。但是，当下网络空间的脆弱性也日益体现，而相关法律法规还有待完善，导致互联网执法面临着各种困难，使得网络事业健康发展面临着许多困难。维护网络事业的稳定健康发展是网络强国的应有之义。网站不规范运营甚至进行违法活动、网络诈骗、网络暴力、网络不良信息、网络文化入侵等都是我们常见的网络不良现象。网络事业的健康发展任重而道远。在抵御网络文化入侵、消除外来网络不良信息、抵制网络意识形态颠覆领域，也都需要“网络强国”加以保障。总之，无论是网络事业发展的宏观领域，还是微观领域，网络强国都与个人权益息息相关。

网络强国建设是一项复杂且艰巨的任务，建立风清气正的网络环境是建设网络强国的重要前提；维护网络安全是建设网络强国的重要基石；推动网络生态协调发展是建设网络强国的内在要求；推动创新发展是建设网络强国的重要引领；构建共建共享的网络生态环境是建设网络强国的价值目标。在习近平总书记网络强国思想的指导下，在党中央集中统一领导下，我们肯定能够构建好网络强国总体战略规划，做好顶层设计和机制建设，做好网络强国各项事业的稳步推进，最终实现网络强国的目标，在此基础上包括高校网络安全体系建构在内的网络安全问题自然也迎刃而解。

二、高校网络安全意识体系建构的综合策略

前一节以网络安全观为指导，从宏观广阔的视角来审视了高校网络安全意识体系建构理论。此节则从微观的角度来探究高校网络安全意识体系建构的综合策略，寻求建构这一体系的现实实践路径和方法。

高校网络安全意识体系建构是多方因素共同作用的结果，涉及主体广泛，国家、政府、社会机构、企业、高校、家庭和大学生等都在其中扮演着各种各样的角色。但是该体系建构中最大、最主要的参与者无疑是广大在校大学生，所以在探究建构路径综合策略时，也要更多侧重大学生的视角。

加强高校在大学生网络安全领域的主导作用，主要探究内容为高校（包括教师）在该体系建设中的主导作用，这是基于高校的教育功能所做出的判断。健全大学生网络安全教育内容则主要从网络安全意识“内容”角度出发，分析如何增强大学生的网络安全意识。加强大学生网络安全自我教育，则突出了“大学生”的主体地位，落实到高校网络安全意识体系建设最核心的要素“学生”身上，只有大学生在自我教育过程中，将来自外界的教育和自我的认知融为一体，内化成自身的网络安全意识，才能为高校网络安全意识体系建构打下最坚实的基础。

（一）加强高校在大学生网络安全领域的主导作用

高校网络安全意识体系建设的首要场域就是“高校”，因此必须加强高校在该体系尤其是在大学生网络安全教育上的主导作用。某种程度上说，高校是大学生网络安全教育工作开展的基本引擎，也是大学生网络安全教育最重要的实践场域。

高校需要结合网络安全教育具体的教学需求和教学目标，组建专门的网络安全教育工作小组来统领学校的网络安全教育工作。在此基础上，高校建立完善的网络安全教育组织体系，做好网络安全教育工作顶层设计，然后开展具体的教学、监管、组织、服务等各自的分工明确规划。总之，高校需要建立完善、动态、持续的网络安全教育体系来满足网络安全教育开展的长期要求，保证前期网络安全教育的整体规划工作，保证教育师资建设、人才培养等主体工作，保证高校网络维护管理后续服务工作，让高校的网络安全教育更加规范化、科学化。

1. 建立完善的高校协同教育机制

教师、学生和学校是高校网络教育工作的三方主体，需要建立合理的协同教育机制来使得其综合发挥出更高效的作用。在三方协同机制中，学校无疑处于主导地位，无论是在教育组织还是教育体系建设上都是如此。师生之间属于教育内容的内部协同，两者之间的机制，教师居于教育引导地位，学生居于教育主体地位。在协同教育体制中，教师的引导地位尤其需要重视，教师应该努力帮助学生主动适应网络新的形势，并积极提升自身的网络教育综合素养及教学水平，主动转变“灌入式”的教学形态，采取多样化的教育形式。

协同教育具体到网络安全意识方面，主要包括知识、技术以及素养三个方面，从知识层面上看，院校和教师需要将网络基础知识和安全知识传输到学生主体，让学生主体对网络安全的本质、规律、案例及应对有系统性的认知。从技术上看，院校主导建立起完善的高校互联网安全设施和管理体系，同时引入先进师资培训手段；教师则需要及时更新自己的网络安全技术教育能力。从素养上看，应该结合大学生的网络心理，尽可从大学生的网络活动和行为实际出发，进行针对性教学，从根源上提升大学生的整体网络安全素养。

建立高校协同教育机制，可以通过建立网络安全课堂、基于网络风险防范的实训平台、建立以新媒体平台为支撑的教育渠道等途径实现。网络安全课堂是网络安全教育开展的基本渠道，通过开设相关专业课程、利用社会资源等形式提供系统性的课堂教学，实现理论教学的高效推进；基于实训平台可以开展多样化的实践活动，将课堂的理论教学和实践活动结合起来；综合利用新媒体技术可以最大幅度地建设网络安全教育数据库，完善教育资源。

2. 建立专业化、高素质的网络文化安全师资队伍

教师是高校网络安全意识教育的主要执行群体。新时代的高校教师应该改变传统课堂上"知识传授者"和思想政治教育机械"执行者"的角色，转而成为大学生网络安全学习活动的组织者和引导者。互联网的变化日新月异，高校教师要保持自己对网络的旺盛兴趣力和理解力，这样才能在开展网络安全教育上游刃有余。

第一，提升教师的思想政治水平。网络文化安全教育队伍的政治觉悟和理论素养高低，直接决定着高校网络安全教学的水平好坏。网络安

全教育和思想政治教育关系密切，教师应该具有强烈的责任意识，才能担当起网络安全教育的重任。因此，要高度重视教师的思想政治水平，一方面，对于那些政治觉悟低下的教师，应坚决、及时剔除出队伍；另一方面，教师队伍要不断提升自身的思想政治素质，尤其要能够洞察互联网生态下西方意识形态渗透、文化入侵等网络意识形态新局面，要善于结合网络热点和案例，为学生网络安全前沿的教育和传授工作。

第二，提升教师的教学工作水平。大学生是网络空间的主要参与群体，其思想活跃、具有较高文化水平，但又缺乏理性思考，容易受各种网络信息和不良文化的冲击。当代大学生的思想和价值观呈现多元化的特征，出现社会主义主流意识形态薄弱的倾向，这些无疑都增加了高校网络安全教育工作的难度。这就需要教师队伍提升自己的认知水平和教学水平，适应新时代的网络环境，适应多元文化背景下思想政治教育新局面。传统思想政治教育老师往往局限于《马克思主义基本原理概论》《中国近现代史纲要》《思想道德修养与法律基础》《毛泽东思想和中国特色社会主义理论体系概论》四大课程，多采用“照本宣科式”“说教式”的教学模式，不能够将其与时代和现实紧密结合起来。这种教学模式并不是当下大学生所喜爱的方式，某种程度上说，大学生通过网络途径获得的现实认知素材甚至超过了一些教师，造成教与学的颠倒失序。教师提升自身的教学水平，需要教师除充分利用新媒体技术，丰富教学模式，并将其与传统课堂的理论知识讲解、经典案例分析等形式有机融合起来，提升学生参与的兴趣度。

提升教师的教学工作水平，归根到底还是要强化网络文化教育师资队伍的科研能力。科研部门应动员和鼓励专业课教师、思想政治教育骨干等，在国家思想政治教育方针指引下，结合网络安全教育实际，精研“金牌网络安全教育课程”，积极解决实际教学工作中遇到的各种教学难题。高校不仅要重视对学生的网络安全教育，也要加强相关教师的交流、合作、培训，建立多层次、多渠道的培训体系，从根本上提升教师教学工作水平。

3. 优化高校网络基础保障机制

在本书中笔者更多地从网络安全“意识”的角度论述高校网络安全相关问题，但这并不是说笔者不重视网络基础设施的“物理”安全，在笔者看来，网络基础设施的建设和安全也十分重要。网络基础设施是网络空间得以运行的物理基础，网络设备受损、网络病毒攻击等也是常见的网络安全问题，并影响着网络空间的稳定。高校网络安全教育需要有效完善网络安全教育所需的信息基础设施的建设，完善各种基础技术防范措施。

高校网络基础保障机制是高校大学生网络安全意识教育和高校网络安全意识体系建构的前提基础，也是提高现代化教育水平的重要保障。要加强网络教育的设备支持，同时，做好网络基础技术防护保障。从基础设施层面来看，主要面临着投入不足导致的设备不足和设备使用培训欠缺；从技术保障层面来看，主要面临着操作系统的安全问题、黑客攻击、病毒攻击等问题[①]，这就需要通过加大设备投入、加强应用防火墙、加强应用系统管理等方式来维护网络基础保障机制。在实际工作中，我们既要注重高校的硬件设备的建设，也要注重软件服务的提升，为形成

① 郑迎凤，王凌云. 网络新技术下高校面临的网络安全问题及技术防范措施研究 [J]. 电脑与信息技术，2016，24（3）：43-45.

安全、稳定、高效的网络文化安全教育平台打牢基础保障机制。

4. 健全高校网络平台安全监督机制

健全高校网络平台安全监督机制也是高校网络安全工作的重要组成部分，有监督机制才能有效地评估和规范高校网络安全教育工作和网络安全意识体系建构工作。

第一，建立规章制度监督机制。高校需要在网络专业人士的指导下，综合学校网络教育实际和网络环境现状，制定适合自身的高校网络规章制度，对学校的网络平台进行监督。与此同时，规章制度监督一定要做好落实，需要要求师生严格按照规章制度安全用网、文明用网，对于违反规定者要做到责任落实，压实监督机制的使用机制。同时，要加快网络监督机制的创新，适应网络环境变化和网络新事物、新现象、新发展。

第二，建设高校网络安全监督平台。建设高校网络安全监督平台不仅需要高校参与，也需要政府行政部门加强引导及支持，提供平台的硬件建设支持和技术支持。高校要加强自身网络门户和局域网的建设，优化程序、优化网络。通过建立网站正负面清单，采用身边切实的案例来进行网络安全教育，将之与师生在网络上的日常工作、学习交流及娱乐行为结合起来。高校也要注重新媒体上的服务和监督，积极通过微信公众号、微博等新媒体平台，创新媒介形式及教育方法，拓展高校网络安全监督平台的应用边界，提升增强高校网络安全教育的吸引力与实网络安全监督的效性。

第三，建立网络平台安全管理监督队伍。高校的网络平台监督队伍建设普遍较为缺乏，比如，校园局域网的信息梳理传播，缺乏有号召力和网络敏感度的监督管理和内容输出人员。相关人员要在网络平台上传播正能量、传播主流价值观，带领大家坚持正确的思想政治方向，做好学校舆论导向。监督队伍要与监督平台密切协作，对网络舆论进行监督，对违规使用网络的行为及时引导；落实舆情收集、信息共享、应急管理等一系列工作，保障网络监督机制的顺利实施。

第四，优化网络监督环境。共同营造良好的、安全的网络环境。高校通过网络伦理道德教育、网络法律意识教育等，引导广大师生网民正确、客观地使用网络，优化网络主体对网络监督的协同配合，避免高校网络安全监督面临大量的内在阻碍。同时，高校要加强校园网络上媒体平台的维护，及时处理有害信息，净化网络环境。

5. 建设安全的校园局域网

学校的校园局域网是学校师生进行教学、科研的重要途径，也是其获得综合信息服务、了解世界的重要途径。但是网络具有开放性，导致网络行为难以掌控，一些不法分子和别有用心之人会利用网络开展各种违反道德法律的活动。比如，在网络中传播不良内容；利用网络黑客技术窃取他人隐私或者机密，导致个人或者单位的利益受到严重损失；在网络上发布虚假性信息，制造谣言；诽谤侮辱他人，进行网络暴力；宣传西方腐朽意识形态内容……这些行为也在逐渐向高校局域网延伸，因此，必须采取相应的措施，建立安全的校园局域网。

第一，高校要及时了解本校师生的网络使用基本情况，通过各种途径向师生定期发布最新的网络安全案例、网络安全防护信息等，助力广大师生养成自觉关注和维护网络安全的意识。第二，高校要积极做好网络“净网”工作，及时清除学校局域网内的虚假有害信息，有效落实网上“治病”工作，及时发现隔离和清除网络垃圾信息和病毒，并努力找到问题的来源，对相关责任人批评教育和相应处理。[①] 建设安全的校园局域网需要将重视实体网络安全、警惕各种网络攻击、提升网络安全防御技术、加强网络安全管理等结合起来。

6. 制定科学的网络安全考核机制

高校网络安全意识体系建设，需要注重过程性，也需要看重结果性。高校网络安全意识体系建设涉及主体广泛，实践行为复杂，需要摒弃单一的形成性评价和终结性评价标准。考察高校网络安全事业的好坏，要站在网络生态的角度出发，将发展性评价和过程性评价结合，并以科学性和有效性为主要标准，构建一套网络安全考核机制。目前，在网络安全工作中，各个高校的具体落实情况及工作成效参差不齐，尚未能建立比较全面系统通用的网络安全体系，这就需要各高校从自身的网络安全工作现状出发，有针对性地制定科学的网络安全考核机制。

为了保证网络安全考核机制的科学性，高校应当集思广益，发动广大师生积极参与，尤其注重广大大学生的网络感受、网络行为和网络认知。比如，通过网络安全方面的答题链接来收集广大师生的意见，通过举办专门的网络安全主题活动增强广大师生的参与意识。制定科学的网络安全考核机制的核心目的还是为了通过科学的考核来促进高校网络安全意识体系建设事业。

7. 开展丰富多彩的校园网络文化活动

相较于传统课堂，校园文化活动由于具有很大的灵活性、互动性等特点，很容易引起大学生的兴趣。加强高校在大学生网络安全领域的主

① 郭光芝 . 影响大学生网络安全教育有效性的因素研究 [J]. 安徽警官职业学院学报，2017，16（5）：109-111.

导作用，也需要利用好校园网络文化活动。

学生是校园文化活动的核心，将丰富多样的网络文化内容融入到各种校园活动中，能够在潜移默化中实现观念交流、认知熏陶、文化提升等各类育人效果，让学生更加积极主动地去汲取健康向上的网络文化内容，提升自己的网络安全意识。开设网络安全知识专题讲座、定期对师生开展网络安全培训活动，是比较常见的形式，这也是对课堂教学的一个有益补充。这些形式往往能够起到传统课堂难以达到的活泼效果，是引导大学生关注网络安全问题、接受网络安全教育的有效途径。

举办各种与网络安全相关的比赛活动，是大学生比较喜闻乐见的方式，如“网络安全知识大赛”“网络安全主题漫画比赛”“网络法庭”等，这些活动既可以丰富大学生的业余生活，又可以在潜移默化中宣传网络安全知识，强化大学生的网络安全意识。

（二）健全大学生网络安全教育内容

大学生是高校网络安全意识体系建设最主要的群体，因此加强对高校大学生的网络安全意识教育，也是提升整个高校网络安全意识的重中之重。为了应对网络道德失范、网络暴力、网络文化安全等一系列网络安全问题，也需要我们有针对性地加强对大学生的网络安全教育。基于前文对网络安全问题的分析研究，笔者认为应当主要从以下几方面着手：思想政治教育、网络道德教育、网络法治教育、优秀传统文化教育、安全知识教育和心理健康教育。

1. 加强对大学生的思想政治教育

健全大学生网络安全教育内容，首先就要加强对大学生的思想政治教育。大学生的社会主义思想观念、主流意识形态乃至品格构建都在思想政治教育过程中逐渐完备，思想政治教育在大学生的成长过程中发挥着至关重要的作用。在这个过程中，加强社会主义主流意识形态教育和社会主义核心价值观教育是重中之重，是高校引导大学生进一步完善自身网络安全意识，构建良好的高校网络生活的重要途径。在互联网时代，思想政治教育要摆脱传统思政课堂那种“灌输式”模式的桎梏，在实际的教学过程当中，综合利用多媒体技术，紧跟时代、多角度强化思想政治理论课的效果。

第一，加强社会主义主流意识形态教育。伴随着互联网的迅猛发展，国际社会意识形态斗争的主阵地已逐步由现实世界扩展到网络空间上来。在虚拟的互联网世界，意识形态的斗争更加复杂，渗透到网络社会中的各个角落。大学生群体作为互联网文化最重要的参与群体之一，在西方多元文化、片面宣传等因素的影响下，很容易发生认知和意识形态偏差。大学生意识形态是否稳定对于培育大学生的社会主义核心价值观具有十分重要的作用，也决定着其是否能够成为社会主义事业合格的接班人。意识形态的水平对于社会主义国家安全，对于党和国家的政权是否稳定，对于社会主义事业繁荣和中华民族伟大复兴具有十分重要的作用。习近平总书记曾强调：“能否做好意识形态工作，事关党的前途命运，事关国家长治久安，事关民族凝聚力和向心力。”①

但是由于互联网的准入门槛低、互联网平台具有很大的开放性。西方外来文化和思潮的不断入侵，使得大学生意识形态越来越受到冲击。

① 华春雨.凝聚实现中国梦的精神力量[N].人民日报，2013-08-19（1）.

另外，西方一些国家不停地制造反华舆论，在网络环境造成了诸多不良影响。因此，加强对大学生的社会主义主流意识形态的教育，需要以马克思主义理论、社会主义理想信念、中国特色社会主义理论体系等科学的理论思想为指导，巩固大学生的社会主义信仰、使其坚定对社会主义道路的信念，并使其充分认识网络安全与国家安全的关系，自觉宣扬社会主义主流意识形态。

第二，加强大学生社会主义核心价值观教育。每个时代都有每个时代的精神，每个时代都有每个时代的价值观念。社会主义核心价值观是我国时代建设精神和价值观的集中体现。

社会主义核心价值观既体现了社会主义本质要求，又继承了中华优秀传统文化的精髓，也吸收了世界文明的有益成果，体现了时代精神，也反映了全国各族人民共同心声。践行社会主义核心价值观是我国社会主义发展的需要，是我国发展社会主义文化的重要途径，也是凝聚社会意识、促进社会团结稳定的重要方法。我们提倡和弘扬社会主义核心价值观，目的就在于增加全民的凝聚力，通过全民持之以恒地奋斗，把我们的国家建设成更加富强、民主、文明、和谐、美丽的社会主义现代化国家。

以大学生为代表的青年的价值取向某种程度上决定着未来社会的价值取向，而大学生又处在价值观的形成和确立的时期，因此需要格外关注其价值观的形成与发展。加强对大学生的社会主义核心价值观教育，不能只浮于表面，而是让其将社会主义核心价值观内化于心，并指导自身的行动。社会主义核心价值观体现了“以人为本”的思想，具有很强的实践性，加强对大学生的社会主义核心价值观教育，应该通过理论与实践相结合的方法，最大程度上让大学生接受和认可这一价值观念。

2. 加强大学生网络道德教育

网络道德教育是大学生网络文化安全教育的重要内容。网络道德失范也是威胁网络安全的重要问题。治理网络道德失范，维护网络安全自然需要发挥网络道德的制约作用。互联网虽然具有很大的虚拟性，但是其参与者还是现实中的个体，那么现实中的人的道德规范自然也能够延伸到网络领域，发挥其指导和制约作用。

每一个大学生都是网络空间的主体。网络赋予了个体极高的自由度，使得网络言论和行为管控面临着较大困难，各种网络道德失范行为可能会给个人和社会带来危害，大学生应该遵守网络空间的行为道德准则，正确利用网络带来的便利性。我们在对大学生进行网络道德教育的时候，不仅要对大学生进行单向的网络道德规范教育，同时还要提高大学生面对网络信息和内容的道德研判能力。一方面保护自己免受网络道德失范行为的伤害；另一方面树立正确的网络行为是非观。

建设清朗的网络空间，网络道德是重要手段之一。只有包括大学生在内的全民网络道德水平提升，自觉遵守网络道德，健康文明地使用网络，我们才能更好地享受网络带来的便利。网络道德养成是一个知情意行的过程，在对大学生进行网络道德教育过程中，首先需要关注大学生对网络道德的认知，引导大学生树立正确的网络道德观；其次要在陶冶大学生的网络道德情感上下功夫，抛弃传统的说教，而是要“晓之以理，动之以情”，将网络道德内化到大学生的日常行为中去。

互联网已经成为大学生成长环境的重要组成部分，加强对大学生的网络道德教育已成为社会共识。我们应尊重大学生的成长规律，适应互联网时代的新特征，尤其要重视对其教育过程中建立起互联网与社会生活的密切联系，使得大学生网络道德教育更加人性化、科学化、时代化。

3. 加强大学生网络法治教育

互联网不是法外之地，当前导致大学生出现各种网络安全问题，或者面临各种网络安全伤害手足无措的原因之一，就是大学生网络法治意识不强。一旦大学生网络法律法规知识欠缺，对自身行为容易失去敬畏之心，甚至一些大学生在虚拟的网络上“为所欲为”，做出一些违规甚至违法的行为，所以必须加强对大学生的网络法治教育。

“治国凭圭臬，安邦靠准绳”，法律在维护社会稳定和国家安定上的作用不言而喻。在我国实现中华民族伟大复兴的奋斗过程中，网络空间也需要法律的规范，要让网络空间发挥对社会经济发展和文化建设等方面的支持作用，而不能让其成为危害我国社会稳定和国家安全的管理空白地带。

受社会经历、生活经验等的影响，大学生一定程度上对法律稍显陌生，法律意识不足。目前，在互联网时代背景下，“将网络载体与大学生法治教育相结合，不断推进大学生网络法治教育，对于提升大学生法治素养、培养德智体美劳全面发展的社会主义建设者和接班人、助力法治中国建设，具有十分重要的意义”①。

加强对大学生的网络法治教育，一是要培育大学生的网络法治意识，使其明确在网络中，什么是法律允许可以做的，什么法律禁止不可以做的，自觉用网络法律法规约束自己的网络行为，防止网络犯罪的发生；

---

① 蒋东升 . 高校大学生网络法治教育研究 [D]. 重庆：四川外国语大学，2022.

二是要教育大学生学会用法律的武器维护自己在网络上的合法权益，提高自我保护能力。

具体到网络法治教育途径方面，高校要以传统法律教育课程为基础，同时革新教学方式，通过“模拟法庭”“法律主题活动”等学生更容易融入的方式来加强对学生的法治教育。高校应该重视建立法律知识新媒体宣讲平台，通过大学生喜闻乐见的新媒体形式，进行法律知识解答、法律案例宣讲等，利用动画、微视频等新颖的方式，分享身边的网络法律案例和知识。高校还需要发挥一线教师队伍和学校管理人员的“关怀作用”，亲近学生、关爱学生，了解学生面临的网络困惑，在学生遭遇网络安全伤害时及时地伸出援手。

总之，在开展大学生法治教育时，既要立足于提升大学生的网络法律意识，使得大学生遵纪守法；也要结合网络上的具体案件进行案件剖析，让大学生提升法律保护能力，维护自身的合法利益不受侵害。

4. 重视中华优秀传统文化教育

习近平总书记指出：“要坚定文化自信，推动中华优秀传统文化创造性转化、创新性发展，继承革命文化，发展社会主义先进文化，不断铸就中华文化新辉煌，建设社会主义文化强国。[①]”

在维护网络文化安全中，弘扬中华传统优秀文化具有不可替代的巨大作用。中华文化历经五千多年的沧桑演变，依旧生机盎然，并在社会主义当代文化建设中焕发出新生。习近平总书记对中华优秀传统文化传承的重视，为我们汲取优秀传统文化的营养指明了方向。

① 人民日报 . 中华优秀传统文化绽放时代光彩（奋进新征程建功新时代·伟大变革）[N]. 人民日报，2022-05-19（6）.

互联网蓬勃发展，但与此同时也滋生了许多不文明的网络现象，庸俗、媚俗甚至错误的网络文化内容也充斥在网络的各个角落。加强网络的文明建设，净化网络环境，需要人类文明优秀成果来滋养网络空间。中华优秀传统文化史是人类文明的重要硕果，在助力网络文明建设中具有举足轻重的地位。

中华传统文化源远流长，无论是儒家倡导的“仁义礼智信”等传统道德准则，还是传统节日、传统文学中蕴含的人文精神，对于人们养成良好的精神品格能起到巨大的引导作用。中华优秀传统文化可以陶冶人的心性，提升国民素养。但网络空间的开放性和过度娱乐化倾向，导致了我国优秀传统文化的传承面临着巨大挑战。西方腐朽、庸俗的文化内容不断渗透到我们国内，侵蚀着大学生的文化认同，比如，“崇拜洋节日、轻视传统节日”就是近年来比较常见的现象。

因此，要加强大学生对传统优秀文化的认同感，将优秀传统文化的精神品质内化于心，外化于行。做到这一点需要创新优秀传统文化的传播方式，尤其要利用好多种多样的互联网平台，创新优秀传统的呈现方式，并融入社会主义当代优秀文化的元素。

在传承中华优秀传统文化过程中，必须将传统文化教育放在显著位置，重视优秀传统文化的教化作用，增进大学生的文化自信，引导大学生树立民族文化自信心和自豪感，自觉抵制西方不良文化。但是重视优秀传统文化并不是说要排斥外来文化，要引导学生客观、理性地对待本土优秀文化与外来文化，让学生保持基本的文化判断力，不要一味地“崇洋媚外”，也不要一味地“故步自封”，而是将优秀传统文化的精髓和优秀外来文化、当代文化有机结合起来。

5. 加强网络安全知识教育

大学生网络安全知识欠缺也是导致其出现网络安全问题的原因之一。高校需要对大学生全面开展网络安全知识教育。基于前文对网络安全问题的分析，笔者认为网络安全知识教育主要包括以下三个方面。

第一，网络使用基础和网络设备知识。这方面主要包括网络运行逻辑、计算机系统知识、计算机 / 手机操作系统和应用软件知识。完善此方面的知识教育，能够增加大学生对网络和计算机 / 手机等设备的了解，进而为科学、安全使用网络及网络设备奠定基础。

第二，网络安全维护知识。这方面的知识主要包括网络安全的基本理论知识、网络系统安全知识、预防网络黑客攻击知识等，让大学生学会用基本的加密解密算法、防火墙等来维护网络安全，学会网络系统漏洞的修补方法、硬盘保护等日常网络应用方法，总之，引导大学生正确看待网络，引导大学生养成良好的上网习惯，正确地利用网络资源。

第三，网络知识产权相关知识。网络学术失范是常见的网络道德失范行为，也是大学生经常面临的问题。大学生出现各种网络学术失范，往往与其缺乏网络知识产权意识密切相关。一旦大学生网络知识产权意识不足，常常无意识甚至主动在未经产权人授权下随意复制、盗用、使用他人的知识产权内容。

6. 加强大学生心理健康教育

当今的大学生可以说是互联网的“原住民”，他们从小就在互联网环境中长大，有时会出现一些逃离现实世界，沉迷于网络的现象。受互联网各种不良因素的影响，还会出现各种各样的心理健康问题。为了防止网络安全问题给大学生带来的各种心理问题，为了使大学生实现身心全面健康成长，高校必须将大学生的心理健康教育放在突出位置。

当代大学生在互联网环境中长大，其表现出很强的网络心理特征。随着大学学业科目增加和就业环境的日益激烈，以及大学生情感等因素影响，大学生心理容易出现各种波动。一些心理素质差的同学也更易受到网络不良信息的影响，在互联网论坛、个人微博、朋友圈、班级群等空间宣泄压力，出现各种网络道德失范甚至网络暴力行为。一些学生在现实生活中的诉求无法实现时，转而在网络上表达自己的看法、宣泄自我情绪，丧失理性加入“网络狂欢”大潮。更有甚者，一些心智不够健康的大学生，每日沉迷网络不能自拔，使得自己的身心和财产遭受巨大损失。

心理健康教育本应是高校思想政治教育中的重要内容，但是长期以来，高校未能充分重视学生的心理健康教育工作，对大学生的心理健康教育和辅导较为不足，等到大学生出现心理扭曲甚至酿成自杀等惨剧时，再加以介入已经为时晚矣。高校可以设置专门的校园心理健康教育中心，为全校师生群体提供专业的心理咨询和疏导服务。与此同时，大学生在网络监管机制的协助下，要及时发现不良心理倾向，主动出击防患于未然。高校还需要加强心理健康教育师资队伍，做好系统性的心理健康教育工作，同时为学生提供心理咨询或援助服务。值得注意的是，在为大学生提供心理咨询或援助服务时，一定要最大可能地保护学生隐私。

另外，高校还可以联合专业的心理辅导机构，加强对高校心理健康教育教师的培训，并借助这些机构为大学生提供更专业的网络心理服务。在心理健康教育中，组织网络心理素质等专门课程或者专题讲座也十分重要，通过各种形式的课程教学、心理疏导和相关知识培训，让大学生在保持网络健康心理。对于已经发生的大学生网络心理问题案例，高校要及时关注，最大可能做到纠正和疏导，防止大学生心理问题演变成心理疾病甚至发生不必要的意外。

（三）规范与治理网络安全环境

当代网络安全问题是多样的、复杂的，从外部环境看，构建高校网络安全意识体系，也需要多方面的力量形成合力，尤其需要通过多方面的力量来规范和治理网络安全教育环境，这样才能使得大学生网络安全教育工作顺利开展，进而实现切实有效的高校网络安全教育。

网络安全环境是分布在各个网络空间当中的不同多媒体终端、不同软件和硬件在互联网上相互沟通所共同呈现出来的网络环境。建设网络安全环境几乎囊括了互联网的所有虚拟世界。在网络虚拟世界中，不同的主体在网络上发挥着不同的作用，面对这种状况，要建立安全稳定的网络环境，就需要不同主体者利用各自的信息资源，发挥各自的职能、效能以及权力，做到相互合作与相互支持。

网络环境在空间上具有自由性、开放性，在内容上具多元性、聚集性，在表达上具有随意性、隐蔽性，在传播上具有快捷性和时效性。这些特点一方面使得网络的准入门槛大为降低，所有网络参与者都能够比较容易地在网络上获取有利于自身生活、工作、学习等的内容信息内容，能够比较便捷地实现网络人际交往；另一方面使得网络容易出现“一损俱损”的局面，任何一环出了问题都可能放大网络的不稳定性，比如，一些网络热点事件的不良影响，往往就是在某一个环节失控后呈现出爆炸性传播。

规范与治理网络安全教育环境，是高校进行网络安全教育和网络安全意识体系建构的外部基础元素。因此，优化网络安全环境，充分利用网络环境中的多方力量，将多方力量的合力用在共同打造安定的网络环境上，就能够为高校网络安全教育和网络安全意识体系建构提供积极的因素。在建设良好网络环境中，如何让多方形成合力就成了亟须关注的问题。

1. 完善网络安全法律制度，打击网络犯罪

新时代网络空间也要进一步纳入法治轨道，做到“有法可依、有法必依”，用法律肃清网络空间，营造清朗的网络环境是网络安全建设的共识。在全球各国，加强互联网领域的相关立法，已经成为维护网络安全的重要手段。我国也应该从自身的网络实际出发，以维护网络安全为指导，以建立清朗的网络环境为目标，进一步提高网络安全领域的立法质量、数量。

法律是由国家制定或认可的行为规范，以国家的强制力保障执行。长期以来，由于网络与现实世界的不同特征，传统的法律规范难以在网络领域做到有针对性执行。但是网络社会与现实社会一样，也需要法律规范的约束、需要打击犯罪来维护其正常运行。我国于 2016 年 11 月 7 日十二届全国人大常委会第二十四次会议正式表决通过了《中华人民共和国网络安全法》，并已于 2017 年 6 月 1 日起正式施行。该法律的颁布施行，可以看作我国互联网领域专门立法的开端，此后《网络产品和服务安全审查办法（试行）》《互联网新闻信息服务管理规定》等法律法规实施，组成了第一批网络领域专门法律。从此以后，我国网络领域的相关立法逐步推进，在 2022 年更是对网络领域基础的《网络安全法》进行

了进一步的修订。2022 年 9 月 12 日国家网信办发布了《关于修改〈中华人民共和国网络安全法〉的决定（征求意见稿）》，此次修法目的是令《网络安全法》与 2021 年修订实施的《行政处罚法》《数据安全法》《个人信息保护法》在法律责任上相衔接[①]。总之，完善的网络法律法规制度，是保证网络安全、建构网络安全体系的保障，我们必须进一步加强相关立法，使得网络领域法律体系更加完善。

“有法可依”就要“有法必依，违法必究”。严厉打击网络犯罪，发挥法律武器对一切违法犯罪行为的打击制裁作用，发挥法律对网络不良行为的强大震撼力和威慑力，进而维护网络稳定是网络领域立法、执法的根本目的。

维护网络安全，净化网络环境，单纯依靠网络道德的软性约束是远远不够的，而且网络自身的虚拟性、隐匿性等特征，也大大降低了道德传统约束力的发挥。另外，道德的规范力度相比较法律的强制力约束而言相对较弱。如今，我国的网络领域相关立法已经日益完善，在立法层次上逐步提升，已经形成了相关领域的系统法律体系。但是受互联网虚拟性和开放性等特征的影响，网络执法还面临着一些困难。比如，在群体性的网络暴力事件中，往往很难具体落实到相关责任人，加大了执法难度。但是我们依然要尽可能地打击网络犯罪，树立和宣传打击网络犯罪典型案例，发挥网络法律应有的威慑力。

具体到高校领域，对大学生的网络行为也要进行规范，对于大学生违反网络法律法规的行为也要依法惩处。高校要能够依据相关制度有效

① 张慧．建构融贯的网络安全法律体系 [N]. 中国社会科学报，2023-02-22（4）.

管理和控制大学生的网络行为，并配合相关部门的网络执法行动。比如，追究恶意发布虚假引起社会恐慌者、网络暴力实施者的法律责任，严厉打击网络不良犯罪行为。完善网络安全法律制度，打击网络犯罪，目的在于让网络法律法规的权威性深入人心，使人们对法律保持应有的敬畏，依法上网、依法用网。

2. 强化家庭的示范作用

当今大学生的父辈基本上是 20 世纪 90 年代互联网大发展背景下成长起来的一代人，自身对网络也有一定的了解，也经常使用网络。但是他们大部分人并没有形成系统的网络知识，尤其在早年网络秩序较为混乱的情况下浸淫（网络病毒横行、黑客攻击肆虐、网络不良信息泛滥、网络知识产权保护薄弱）时间很长，对于很多网络安全问题“司空见惯”，对于基础的网络安全知识也“不以为意”。

他们的不良网络行为习惯也在很大程度上影响着孩子的网络行为，自孩童时期可能就在脑海里埋下了一系列网络道德失范甚至更严重问题的种子。等进入大学阶段，能够更加自由上网时，这些大学生很容易自觉或者无意中将家长的不良网络行为带到网络世界。

从当前的大学生群体来看，绝大多数大学生都是从家庭中就开始接触网络，父母可以说是他们网络生活、网络行为的启蒙者、示范者、引导者，父母在网络生活中的言行是否得当，对于大学生的网络行为都有长期的、潜移默化的重要影响。

父母是孩子的“第一位老师”，家庭也是孩子的“第一所学校”。家庭是人生的第一所学校，千千万万个家庭是国家发展、民族进步、社会和谐的重要基点。父母的言行和家庭环境对孩子的成长产生着深远而持久地影响，这点已经得到教育学、心理学、社会学等多领域的公认。这种影响甚至是学校和社会所不能达到的，一旦孩子在家庭环境中受到不良影响，可能学校、社会要花费数倍的力气才能扭转过来。

因此，规范与治理网络安全教育环境时要充分重视发挥家长的教育作用，发挥良好家庭环境的促进作用。培养孩子形成良好的网络行为习惯。父母要对孩子的上网行为进行正确引导，为孩子建立一个良好的家庭网络环境，并发挥自身的良好榜样作用。

大学生处于思想行为养成、世界观树立的重要阶段，对外界的观点和看法、自身的行为习惯都很容易受到外来环境的影响。具体到网络安全领域，有一些父母视电脑、手机、网络为洪水猛兽，简单粗暴地制止学生使用各种网络设备，结果却往往适得其反，引起大学生的逆反心理。还有一些家长自身网络行为就非常不规范，比如，不重视网络设备的安全使用、浏览各种不良网站等，对大学生的网络行为造成不好的示范作用。也有一些家长过度溺爱，对大学生的上网行为缺乏必要的管控，任其在网络上随意“冲浪”，导致大学生出现各种心理问题，无法抵抗网络的诱惑，做出各种违背道德甚至法律的行为。

第一，家长应当正确看待互联网。家长既要看到互联网给社会和个人带来的巨大便利，尤其在大学生的学习和认知拓展中发挥的巨大作用，也要看到网络世界不规范导致的各种问题，学会因势利导，引导大学生正确使用网络。一方面，家长要积极引导大学生理性对待网络常见领域，增强在这些领域的安全意识，如网络购物、网络娱乐、网络交往等；另一方面，家长可以引导学生多关注《人民日报》、新华社等官方媒体平台等提供的“正能量”网络资源，引导大学生树立正确的价值观、维护网络文化安全、抵御网络意识形态渗透。此外，家长也要有意识引导大学生学会基本的网络安全知识，如利用杀毒软件保护网络设备、时时屏蔽不良信息等。

第二，家长要增强自身网络安全意识。家长应该多通过官方媒体或者专业的有针对性的平台等途径了解网络安全的相关知识，对网络安全基本问题、危害和如何预防以及补救措施有基础的了解。一方面，家长在了解和学习这些网络安全知识的时候，能够自我检验自身的网络行为是否规范合法；另一方面，家长在这些网络安全知识的指导下要“身体力行”，同时家长与大学生多进行沟通交流，发挥自己的示范作用。值得注意的是，一些大学生出现网络安全问题，往往与家庭不够和睦、沉迷网络有着密切关系。如果家长能够在交流中让孩子更多体会到家庭的温暖，也能够缓解他们对网络虚拟空间的依赖，能够多了解大学生的真实想法以及心理状态，并及时地加以引导。

第三，在对于高校大学生的网络行为规范管理当中，家长应当与学校共同协作。由于大学生大部分的生活学习时间都在学校，所以，应当努力使得家庭教育和校园教育相互统一，以此形成合力，真正让大学生的在校网络行为和在家网络行为都受到良好的规范。成立家长委员会与学校辅导员或思政教师保持密切的联系是值得进一步探索的方式，家长与学校老师通过线上线下的方式及时沟通大学生的表现。同时，高校还能够通过这种沟通联系渠道对家长普及网络安全知识。家长与学校应当建立联合防控机制，一旦出现个别学生被网络诈骗盯上、过分沉迷网络等情况，应当提高警惕及时遏制。总之，家长与学校全面协作，能真正实现网络安全教育的全方位落实。

3. 加强对网络空间的监管

规范与治理网络安全教育环境必然要求加强对网络行为的监管。首先，相关部门要加强对网络舆论的引导和监管，尤其在社会热点事件爆发时，能够及时、正确地做出反应，占领网络舆论引导的制高点，正确缓解社会冲突，释放社会压力，引导人们理性地看待网络热点事件。

当对网络舆论上升到社会意识形态高度的时候，相关部门要采取积极有效的措施，通过社会主流意识形态内容的强力输出，有效保障社会主义主流意识形态话语的领导权。在网络时代，各种信息纷繁，国外的各种思想、多元文化、各种政治主张通过开放的网络空间逐步渗透到我国的网络空间中，并通过网络空间触达到包括大学生在内的各阶层网民。在现实生活中，大学生在使用网络时，往往难以做到清晰鉴别网络信息和内容，极易受到不良信息的诱导和西方文化的渗透，导致思想出现偏差，甚至对我国社会主义道路、社会主义核心价值观、社会主义主流意识形态产生质疑。

相关部门要大力加强对网络舆情的有效管理，建立完善的网络信息预警以及网络舆情处置机制，当发生网络舆情热点时，在最短的时间内对舆论进行有效控制和引导。同时，也要做好网络舆情的常规引导，规范网络环境，时刻掌握网络空间的舆论主导权。针对大学生常遇到的外来不良信息的诱导和西方文化的渗透，要加强对境外网站入侵的监控，做好甄别工作，从源头杜绝不良的信息和西方腐朽的文化进入到我国的网络空间。

加强对网络空间的监管还要注重对网络言行的监管，尤其对新闻媒体更是如此。随着自媒体的崛起，网络新闻和信息的来源大为扩展，在这种情况下，主流官方媒体更应该注重自己的言行，唤起自身肩负的媒体责任感、社会责任感，积极传播网络正能量。一方面相关部门要加强对网络空间各种不良网络言行的治理；另一方面主流媒体也要充分利用网络传播的特点及时、快捷地向全社会传达积极向上的信息和优秀的思想文化内容。此外，官方媒体作为国家舆论宣传的主阵地，更应该注重自己的言行，坚守道德底线、坚守社会良知。官方媒体要时刻注意，禁止出现与我国社会主义核心价值观、社会主义道路相悖的思想观念与网络行为，占据网络意识形态建设的主要阵地，从而推动整个网络空间健康稳步发展。

具体到高校网络领域，相关部门和学校要形成合力，努力为大学生创建清朗的网络空间，营造良好的网络环境，保障大学生形成规范的网络行为。通过典例对大学生一些错误的网络言行进行警示或处罚，对大学生一些维护网络安全的行为进行表扬和褒奖，是一种很好的监管途径，通过直观的“示范”和贴身的网络治理与规范，来促使高校形成良好的网络环境。

同时，网络环境需要在政府的指导下，汇聚社会各方面的力量来实现联合监管，并提高对大学生网络安全意识教育的重视程度。高校可以与政府相关部门、教育部门以及网络运营部门等建立合作关系，借助其力量更有效地开展网络监管，还可以让相关专业人员到学校指导工作，帮助完善校园的网络监管体系。总之，社会各界齐心协力共同为大学生营造良好的网络安全环境是新时代的必然要求。

当然，网络监管要坚持正确原则，也要坚持适度原则，不能让网络管理过于复杂，过于严格和死板，也不能放任自流。网络有其自身主体广泛、内容多样、形式活泼等特点。如果管理过于复杂和严格，就会损害网络应有的活力和传播流通性；如果太过放任，会导致网络中的不当错误行为缺乏监管和处罚，导致网络失序。

除此之外，在网络尤其网络社交平台、信息发布平台等积极推进网络实名制十分重要，这样可以压实相关人员的责任，一旦出现问题也能够追根溯源，对于网络执法也有所裨益。现实社会中，由于人们的人际关系都是直接和实际的，道德制约力和责任意识能够得到很好的发挥。在网络当中推行实名制、类似于创造“类现实”的环境，由于相关的发言或是行为能够追溯到确定的个人，人们也将能够更加自觉地遵守网络道德和网络义务，有助于构建良好的网络空间环境。

4. 加大网络安全技术的开发与研制

近年来，我国的网络事业得到了长足发展，但是在网络关键技术上仍有一些不足，在技术层面上维护网络安全仍需要进一步提升。习近平总书记早在2014年中国科学院第十七次院士大会、中国工程院第十二次院士大会上讲话时就强调“知识就是力量，人才就是未来”[①]。我国应当以更加积极的方式加大网络技术发展投入，推动网络科技创新，提高我国网络科技水平，增强维护网络安全的整体能力。相关部门应该进一步筹建德才兼备的网络安全管理队伍，积极引导优秀网络人才加入网络安全的建设管理中来。高校在网络人才培养上，建立完善的网络人才选拔与奖励机制，更加高效地为社会输送网络人才。与此同时，可以进一步加强政企结合、校企互动，既可以为企业发展输送高质量人才；又能促

① 习近平：加快创新型国家建设步伐 [J]. 紫光阁，2014（7）：8-9.

进企业加大对先进网络技术研发投入。

首先，拥有网络核心技术是保证网络安全、维护网络稳定的重要手段。如今，在“网络强国”等战略的引导下，我国的互联网事业取得了长足发展，但是由于我国互联网起步相对较晚，长期以来受到西方国家的技术封锁，在网络传播领域和国际网络话语权上也处于相对不利的地位，更是成为西方进行网络攻击、网络渗透的重点对象，因此，我们要加强自身的网络防范技术与信息安全保护。我们应该大力开展科技创新，在借鉴国外先进网络技术的基础上进行自主研发，提升网络信息保护技术与安全防范技术，为我国网络安全事业提供核心技术手段保障支持。

其次，建立科学合理的网络安全技术测评系统，是维护网络安全的重要保障。我们应该在立足我国网络生态实际的基础上，结合我国网络管理经验，并积极吸收借鉴西方现有评价体系中的有益部分，构建中国特色的网络安全技术测评系统。另外，利用大数据、人工智能等技术，做好网络内容智能识别和管理也非常重要，可以更加便捷地实现网络内容管理。比如，开发便捷、高速的网络内容识别系统，在网络内容产出源头就加强审核监管，做好内容预警，自动识别网络内容的安全隐患信息，从而在源头上控制危害网络安全和稳定的因素。

5. 优化网络文化环境和内容

文化软实力已经成为各国综合国力竞争的重要部分，网络文化安全更是和网络文化软实力息息相关。发展文化软实力，一方面有利于维护我国的文化安全；另一方面也有利于扩大中国文化在世界范围内的影响力。

网络空间上多元文化并存，不用中国优秀文化去占领，就会被外来文化所占领。这就需要一方面传承中国传统文化；另一方面宣扬中国特色社会主义当代文化。重视中国传统文化的传承和建设，做到这一点需要深刻把握中国传统文化的精神内核，把握优秀传统文化的精髓，剔除传统文化中的落后糟粕部分，并创新传统文化作品的呈现形式、注入时代元素。同时，也需要发展中国当代文化产业，不断输出文化产品，并推动中国文化走出国门。

网络文化建设也是大力发展文化软实力的重要组成部分。建设网络文化需要优化网络文化环境和内容，只有在优秀的网络环境中，网络文化建设才能稳步捅进。

首先，需要坚持网络文化的正确导向。我国网络文化建设应当坚定不移地以马克思主义为指导，以社会主义核心价值观为基本价值理念，以社会主义的先进文化思想为发展理念，以为人民服务为根本目的。因此，优化网络文化环境，需要在网络环境中弘扬社会主义主旋律，确保社会主义核心价值观在网络环境中的主导地位，传播更多的优秀网络文化作品，真正构建出具有正能量、积极性的网络文化空间。在网络文化空间中，我们应该坚持用正确的文化舆论和价值导向，不断增强广大网民的文化认同感和对社会主义文化事业的认同感。

其次，加强网络文化从业者的自律。网络文化行业从业者，应当恪守文化道德底线、应恪守网络法律法规，树立良好的文化品格素养，真正构建起网络文化行业的优秀风尚。在具体的经营过程当中，网络文化从业者要做到遵纪守法，依法、文明开展网络文化活动，输出优秀的文化产品，保证文化产品的质量，杜绝出现侵权、庸俗、低俗等情况。

最后，加大网络文化的治理和执法力度。仅靠网络文化从业者的自律无法完成网络文化环境的良性建设，更需要相应的治理监管和执法保障。对于那些严重影响网络文化环境安全稳定的问题，要进一步强化管控、展开针对性的整治处理；同时，针对网络文化违法犯罪，也应当用法律的武器予以坚决打击，净化网络文化环境。总之，通过监管治理和网络执法，构建和谐、健康的网络文化环境。

在提升我国网络文化产品的竞争力方面，也应该采取各种措施。第一，在国家政策方针的引导下，树立“文化品牌”意识，为优秀传统文化产品和当代先进文化产品量身打造“文化符号”，提高文化产品的吸引力。第二，进一步加强对我国网络文化企业平台的支持，鼓励网络文化企业创作更多弘扬民族文化、弘扬当代文化的优秀产品，鼓励企业大胆进行创新，丰富文化产品线。第三，推动优秀网络文化产品的网络传播，助力其走出国门，提升中华优秀传统文化和当代先进文化的社会接受度和国际影响力。

（四）加强大学生网络安全自我教育

高校网络安全意识体系建构中，大学生是最主要、最庞大的参与群体。基于前文对网络安全问题的研究分析，大学生自身网络安全基础理论认知不充分，以及网络安全意识淡薄等诸多因素，是使其做出一些违反网络安全行为或者成为网络不良行为受害者的主要原因。增强大学生的网络安全意识、建构高校网络安全意识体系，需要切实增强大学生网络安全的主体性意识，从多个层面全面加强大学生网络安全自我教育。加强大学生网络安全自我教育，从根本上增强大学生的网络安全意识，也是维护网络安全、建设“网络强国”的重要举措。

1. 网络安全自我教育的思想基础——马克思主义

大学生要达到加强网络安全自我教育的效果，必须发挥自身的主体性意识，在正确的思想理论指导下树立正确的网络观，将网络知识内化于心、外化于行，在思想上做到能够时刻秉持网络安全意识，在行动上能够做到网络言行自觉。

马克思主义理论一直是我国的指导思想，要想切实增强大学生网络安全的主体性意识，就要做到思想和行动的统一。大学生必须要努力学习马克思主义思想的基本观点和方法，用唯物主义来武装自己的头脑，用辩证的观点来指导自己的行动。大学生需要从根本上防范与马克思主义、社会主义思想相悖的西方不良思潮的侵蚀，能够辩证地看到西方思想和文化中的优秀和糟粕部分，而不能“唯西方论”，做到取其精华去其糟粕。

随着全球化进程的加快和社会开放程度的不断提高，互联网的开放性更使得全球融为一体。在互联网领域，我国面临着严重的外来网络攻击、外来文化入侵和外来意识形态侵蚀，尤其网络文化安全和网络意识形态安全面临着巨大挑战，这就需要必须坚持马克思主义在意识形态领域的指导地位，它是我们有效抵制西方腐朽文化和思想观念的重要思想武器。

马克思主义的基本观点、方法与立场是我们的思想和行动指南，也是我们分析处理各种网络文化和网络意识形态挑战的重要理论依据。在马克思主义思想的指导下，并结合马克思主义中国化的理论成果——毛泽东思想、邓小平理论、“三个代表”重要思想、科学发展观、习近平新时代中国特色社会主义思想，我们才能充分掌握网络空间的话语权，抵制国外对我国网络文化和网络意识形态的渗透和攻击。

2. 自觉践行社会主义核心价值观

大学生在不断加强对马克思主义理论学习的基础上，还需要从内心坚定对社会主义道路和社会主义核心价值观的认同。网络空间作为多元文化和思想信息交互的重要场域，日益成为意识形态斗争和价值观斗争的前沿阵地。当今，“凝聚网络空间价值共识、营造网络空间清朗生态、维护网络意识形态安全成为新时代网络空间社会主义核心价值观培育的目标指向”[①]。然而，网络空间的社会主义核心价值观面临着一系列的挑战，比如，社会主义主流价值观念遭受内外冲击、价值观的多元化倾向、社会主义核心价值观传播媒介发展适应不了网络发展等。

现代化社会的转型时期，互联网上充斥着西方国家所宣扬的与社会主义核心价值观背道而驰的思想观念，一些大学生不能够辨别这些思想观念的本质，对社会主义理论自信、道路自信、制度自信和文化自信产生了动摇。因此，必须加强社会主义核心价值观的内容与大学生日常学习的融合，引导学生在马克思主义和社会主义核心价值观的引领下加强对外来思想进行鉴别和研判，提高抵制一系列错误价值观和社会思潮的能力。

社会主义核心价值观是对我国优秀传统文化的弘扬与发展，具有强大的影响力与感召力。大学生要自觉加强对社会主义核心价值观的学习，逐步将其内化为自身的价值观念和言行指南。大学生要将社会主义核心价值观融入自身的日常生活、人际交往和工作学习中，保证自己日常行为朝着正确的方向前进，并在此过程中形成符合社会主义社会的道德素

① 侯勇，孙君 . 网络空间社会主义核心价值观培育的目标指向、现实境遇及对策建议 [J]. 社会主义核心价值观研究，2022，8（4）：33-42.

质和思想观念。另外，只有对社会主义核心价值观和社会主义道路保持坚定的信念，才能对社会主义国家、制度、文化、思想等产生强烈的认同感与自信心，并自觉抵御西方外来文化的冲击以及错误思潮的负面影响。

3. 大学生自我教育意识的培养

从根本上培育大学生养成网络安全意识，最终还是要靠大学生自我教育意识。自我教育是一种自我培育性的方法。大学生以自身的道德素质为培育基础，树立自我培育想要达到的目标，并通过不断地学习和自我督促朝着目标努力奋斗，最终在自我教育实践过程中逐渐达到预设的自我教育目标。

大学生网络安全意识教育最终还是要落实到其自身，因为即使大学生最为熟悉的高校思想政治教育课程，在范围和时间上也都是有限的，最终还是要靠大学生的自我培育过程来完成网络安全意识的系统架构，并随着网络的发展不断自我完善。在主要涵盖网络安全教育的思想政治教育领域，在"中国特色社会主义进入新时代后，高校思想政治工作面临着崭新的任务和全新的发展机遇。要实现高校思想政治工作的提质增效，必须着力引导大学生进行自我教育"[①]。提升大学生的自我教育能力，对于大学生自身来说，有利于促进主体意识的培养；对于网络空间来说，也有利于净化网络环境。

在学校教育中，高校教师要引导学生进行自我约束、自我管理，鼓励学生充分发挥自己学习的主动性和积极性，将网络安全知识运用到自

① 任健 . 新时代大学生自我教育探析 [J]. 高考，2018（35）：11.

己的网络实践中，提升自己的网络综合素质。在网络安全意识培育过程中，大学生一方面是受教育者，是接受网络安全教育的主体；另一方面也是网络安全知识学习的主体。只有大学生自己接受网络安全知识、拥有了网络安全意识，网络安全教育才能真正起作用。

第一，大学生加强自律意识。诚实守信、严于律己、自省自律等行为准则既是普遍通行的社会道德规范，也是社会环境和网络环境中通行的行为准则。大学生在网络生活中只有严格要求自己、约束自己，才能让自己在网络中更规范和长久地“畅游”，某种程度上说，也才能获得更多现实意义上的自由。大学生加强自己的自律意识，形成对自己负责、对他人负责的责任心，这样一方面能够以“对他人负责”的态度自觉规范自己的网络行为；另一方面能够以“对自己负责”的态度来抵御网络行为对自身的伤害。

第二，大学生提高自我认知水平。网络安全本质上是主体和客体统一形成的一种具有动态性的安全系统，即威胁网络安全的因素和自己的网络安全结合在一起，才形成了网络安全问题现实。比如，危害网络安全的因素是客观存在的，但是每个人不同的网络安全意识水平也很大程度上影响着这些危害性因素能不能造成实质性的伤害。当代大学生的学习和生活主要围绕学校展开，对于社会的认知能力有所不足，而网络社会是现实社会的在网络空间上的映射，因此，提升大学生的网络安全认知能力十分必要。大学生在自我教育过程中，一定要对自身的网络安全知识水平的强弱和网络安全意识的高低有一个清醒的认识，并在此基础上对自己在网络上的行为和应对网络危害的能力有清醒的预判，不主动去触碰自己认知和能力之外的“盲区”。

第三，大学生在行动上要加强自我培育能力，改变以往被动接受教育的状况，充分发挥自己的主观能动性，从接受网络教育者转变网络知识主动学习者，并将学习到的网络安全知识应用到自身的网络行为中去，加强自我网络约束能力，增强自身抵御网络伤害的能力。

大学生在进行自我教育的时候，要时刻秉持爱国思想和法律意识。大学生自身网络言行，要有正确的思想做引领，做到不发表错误言论，不做网络道德失范和网络暴力的事情，自觉抵制住网络上的各种诱惑，警惕外来的思想侵蚀和文化入侵。同时，大学生要谨记“网络并不是法外之地”，时刻树立网络法律意识，遵守网络正常秩序和法律法规。营造一个风清气正的网络空间，是大学生身为社会主义建设者和接班人的重要责任。

4. 加强网络安全相关知识的学习

互联网是一个复杂的系统，很多大学生遭遇网络安全问题时容易手足无措，是因为对网络安全相关知识缺乏必要的认知。大学生虽然学习了必要的计算机知识，但除了计算机专业的大学生，很多大学生对网络安全知识知之甚少，甚至基本的计算机系统、计算机杀毒、防火墙设置等基本操作都不够娴熟，对于伪装起来的病毒攻击更缺乏基础的认知。在互联网技术不断发展的今天，几乎所有的工作生活内容都和互联网息息相关，因此，学习基础的网络安全知识对于大学生来说十分重要，也是其安全上网的必要条件。

另一个层面的网络安全知识学习就是加强对网络内容的“研判能力”，这主要针对网络欺诈、网络文化安全和网络意识形态安全等层面。只有大学生提升对各种网络内容的分析评判能力，才能够让大学生主动远离网络欺诈、规避网络风险，才能够研判西方外来文化和思想的真实面目。大学生要学会理解和认识网络社会的行为方式，学会理解不同网络内容的真正内涵和目的，进而科学利用网络资源，有效地规避网络的负面影响。

在网络虚拟空间中，许多不良网络内容被精心包装，被精心贴上各种“文化标签”“思想标签”“财富标签”等，其危害具有隐蔽性，只有学会科学地分析和处理，才能够认知事物表象背后的本质属性，特别是精心伪装的诈骗信息，混淆视听的文化内容和似是而非的西方思想，更应该做到透过现象看其本质。

5. 积极参加网络安全实践活动

网络安全实践活动是在一定网络安全意识的指导下，进行的网络环境再现或者网络空间模拟而进行有目的的网络活动。大学生是否具备网络安全意识，最终是通过其的网络活动和行为表现出来的，网络安全实践活动就为大学生提供了这样一个模拟评价自身网络行为的时机，其也是大学生提高网络安全教育的重要环节。

网络安全实践活动应该贯穿于大学生的日常生活和课外活动中的各个方面，使其成为大学生自我网络教育的一部分。例如，通过网络场景或者案例模拟，看自己在上网时是否浏览了不良网站，网上否用了不恰当的语言，等等。大学生应该“化被动为主动”，积极参与各类网络实践活动，如参加网络知识竞赛、网络案例讲堂等，从网络实践场景中体会网络安全意识的内涵，加强自身网络安全意识建设。而且实践是认识的来源，大学生只有更多地参与网络安全实践，才能有效提高自身的网络安全意识能力。网络安全自我教育需要讲究“知行合一”，对网络安全的理性认知只有通过网络实践活动才能得以逐步获得。

参考文献

一、专著类

[1] 何子明 . 公共精神产品输出体制研究 [M]. 长沙：湖南人民出版社，2015：14.

[2] 大卫・麦克里兰 . 意识形态 [M]. 孔兆政，蒋龙翔，译 . 长春：吉林人民出版社，2005.

[3] 王海明 . 伦理学原理 [M]. 北京：北京出版社，2001.

[4] 亚当・乔伊森 . 网络行为心理学——虚拟世界与真实生活 [M]. 任衍具，魏玲，译 . 北京：商务印书馆，2014.

[5] 王贤卿 . 道德是否可虚拟——大学生网络行为的道德研究 [M]. 上海：复旦大学出版社，2011.

[6] 西奥多・罗斯扎克 . 信息崇拜 [M]. 苗华健，陈体仁，译 . 北京：中国对外翻译出版公司，2004.

[7] 王四新 . 网络空间的表达自由 [M]. 北京：社会科学文献出版社，2007.

[8] 中共中央宣传部 . 习近平新时代中国特色社会主义思想学习纲要 [M]. 学习出版社、人民出版社，2019.

[9] 亚伯拉罕・马斯洛. 动机与人格 [M]. 许金声，译 . 北京：中国人民大学出版社，2013.

[10] 刘济良 . 生命的深思：生命教育理念解读 [M]. 北京：中国社会科学出版社，2004.

[11] 姚启和 . 高等教育管理学 [M]. 武汉：华中理工大学出版社，2000.

二、期刊文献类

[1] 安静 . 网络安全意识的内涵变化和应对策略 [J]. 人民论坛，2018（9）：122-123.

[2] 孔晶晶，曹洪军 . 网络道德建设的反思与重构 [J]. 信阳师范学院学报（哲学社会科学版），2023，43（1）：87-92.

[3] 蔡丹，蔡永生 . 马克思主义新闻观视域下的网络文化建设 [J]. 贵州社会科学，2014（5）：128-130.

[4] 万峰 . 网络文化的内涵和特征分析 [J]. 教育学术月刊，2010（4）：62-65.

[5] 戈士国 . 批判与建构：特拉西意识形态概念的双重意象 [J]. 哲学动态，2011（2）：41-47.

[6] 孙亚南，徐元杰 . 新媒体时代高校网络安全教育问题及对策研究 [J]. 平顶山学院学报，2022，37（4）：109-113.

[7] 张树启 . 移动互联网时代大学生网络安全教育的策略研究 [J]. 学

校党建与思想教育，2022（24）：63-65.

[8] 黄焱 . 浅析新时代高校网络安全教育的困境与策略 [J]. 长春师范大学报，2019，38（9）：32-34.

[9] 白天宇，陈龙涛，张晓光 .“互联网 +”与大数据背景下高校大学生网络安全教育初探 [J]. 河北北方学院学报（社会科学版），2016（5）：110-112.

[10] 佟晓铭，朱润明 . 浅析不同社会经济发展水平影响下的个人信息保护 [J]. 学理论，2011（31）：133-136.

[11] 晏子璇 . 法学视角分析网络法律问题 [J]. 科学大众（科学教育），2019（6）：139-140.

[12] 尉利工 . 网络环境下研究生学术道德失范问题研究 [J]. 山东高等教育，2014，2（9）：26-32.

[13] 李小元 . 网络交往对大学生社会化的影响及其对策 [J]. 教育探索，2009（3）：103-105.

[14] 刘国君 . 大学生对网络暴力认知探析 [J]. 广州广播电视大学学报，2018，18（1）：44-47.

[15] 沈嘉悦，薛可 . 新媒体网络暴力中的旁观者研究 [J]. 新闻研究导刊，2016，7（17）：70-71.

[16] 郭佳辛 . 新媒体环境下网络暴力危害及治理思考 [J]. 西部广播电视，2018（8）：53-56.

[17] 肖盼 . 基金饭圈化：网络传播时代的非理性狂欢 [J]. 新媒体研究，2021，7（8）：88-90.

[18] 李超民 . 建设网络文化安全综合治理体系 [J]. 晋阳学刊，2019

（1）：100-109.

[19] 许娜 . 网络新媒体下高校意识形态安全面临的新问题探究 [J]. 才智，2019（16）：6-7.

[20] 祝奇，荀琳 . 马斯洛需求理论下的高校网络思政教育研究 [J]. 科教文汇，2022（18）：36-39.

[21] 梁修德 . 习近平网络安全观：生成过程、基本内涵、价值意义 [J]. 安庆师范大学学报（社会科学版），2020，39（2）：1-7.

[22] 王宝鑫，段妍 . 关于思想政治教育环境本质的再认识 [J]. 学校党建与思想教育，2019（3）：18-21.

[23] 赵麑，刘衍峰 . 习近平总书记关于网络强国重要论述的逻辑理路 [J]. 湖南省社会主义学院学报，2023，24（1）：42-45.

[24] 郑迎凤，王凌云 . 网络新技术下高校面临的网络安全问题及技术防范措施研究 [J]. 电脑与信息技术，2016，24（3）：43-45.

[25] 郭光芝 . 影响大学生网络安全教育有效性的因素研究 [J]. 安徽警官职业学院学报，2017，16（5）：109-111.

[26] 习近平 . 习近平：加快创新型国家建设步伐 [J]. 紫光阁，2014（7）：8-9.

[27] 侯勇，孙君 . 网络空间社会主义核心价值观培育的目标指向、现实境遇及对策建议 [J]. 社会主义核心价值观研究，2022，8（4）：33-42.

[28] 任健 . 新时代大学生自我教育探析 [J]. 高考，2018（35）：11.

三、报纸类

[1] 人民时评 . 为文化强国筑牢“数字基石”[N]. 人民日报，2022-06-16（9）.

[2] 习近平 . 把培育和弘扬社会主义核心价值观作为凝魂聚气强基固本的基础工程 [N]. 人民日报，2014-02-26（1）.

[3] 人民日报 . 习近平致第四届世界互联网大会的贺信 [N]. 人民日报，2017-12-04.

[4] 人民日报 . 坚持走中国特色网络法治之路 [N]. 人民日报，2023-03-17（10）.

[5] 华春雨 . 凝聚实现中国梦的精神力量 [N]. 人民日报，2013-08-19（1）.

[6] 王珏 . 中华优秀传统文化绽放时代光彩（奋进新征程建功新时代 · 伟大变革）[N]. 人民日报，2022-05-19（6）.

[7] 张慧 . 建构融贯的网络安全法律体系 [N]. 中国社会科学报，2023-02-22（4）.

四、学位论文类

[1] 彭永峥 . 国内大学生网络安全认知现状与提升 [D]. 郑州：郑州大学，2019.

[2] 李国庆 . 大学生网络道德失范及其教育引导研究 [D]. 哈尔滨：东北林业大学，2021.

[3] 李玲玉 . 大学生网络道德失范问题研究 [D]. 北京：中国地质大学，2015.

[4] 和晋 . 大学生网络文化安全教育研究 [D]. 成都：西南石油大学，2019.

[5] 巴德龙 . 大学生网络安全问题及教育对策研究 [D]. 沈阳：沈阳农业大学，2018.

[6] 张旭阳 . 互联网背景下我国主流意识形态安全研究 [D]. 石家庄：河北科技大学，2019.

[7] 蒋东升 . 高校大学生网络法治教育研究 [D]. 重庆：四川外国语大学，2022.

五、报告类

[1] 世界卫生组织 . 世界暴力与卫生报告 [R]. 北京：人民卫生出版社，2002.

[2] 檀江林 . 当代大学生网络道德失范的原因、危害与治理 [C]// 中国青少年研究会 . 和谐社会与青少年思想道德建设研究报告——首届中国青少年发展论坛暨中国青少年研究会优秀论文集（2005）. 天津：天津社会科学院出版社，2005.

六、网络资源类

[1] 澎湃新闻 . 庹庆明代表：应像惩戒“酒驾”一样，制定反网络暴力专门法律 .[EB/OL].（2022-03-04）[2023-05-01].https：//www.sohu.com/a/649374505_260616.

[2] 央广网 . 华科、北邮、交大、山大院长共话网络安全人才培养：优质师资是关键 [EB/OL].（2019-09-17）[2023-05-01].https：//baijiahao.

baidu.com/s?id=1644890251358511940.

[3] 习近平 . 决胜全面建成小康社会夺取新时代中国特色社会主义伟大胜利——在中国共产党第十九次全国代表大会上的报告 [EB/OL].（2017-10-27）[2023-05-01].http：//www.gov.cn/zhuanti/2017-10/27/content_5234876.htm.

[4] 央视财经 . 裸贷魔爪伸向女大学生：逾期未还被敲诈多人被逼自杀 [EB/OL].（2018-01-22）[2023-05-01].https：//finance.china.com/consume/11173302/20180122/31993683.html.

[5] 李庆 . 大学生买彩票欠 20 多万元注册新微信骗钱还债骗得 13 万 [EB/OL].（2018-10-19）[2023-05-01].http：//hb.ifeng.com/a/20181019/6957801_0.shtml.

[6] 新华社 . 习近平：在 2015 年春节团拜会上的讲话 [EB/OL].（2015-02-17）[2023-05-01].http：//www.gov.cn/xinwen/2015-02/17/content_2820563.htm.

[7] 新华社 . 习近平：创新改进网上宣传把握网上舆论引导的时度效 [EB/OL].（2014-02-28）[2023-05-01].http：//www.cac.gov.cn/2014-02/28/c_126205895.htm.

[8] 人民日报 . 习近平：人民有信仰民族有希望国家有力量锲而不舍抓好社会主义精神文明建设 [EB/OL].（2015-03-01）[2023-05-01].http：//politics.people.com.cn/n/2015/0301/c1024-26614490.html.

[9] 中国青年报 . 中国每年遭境外恶意网络攻击超 200 万次 [EB/OL].（2021-10-22）[2023-05-01].https：//baijiahao.baidu.com/s?id=1714283707674591053&wfr=spider&for=pc.

[10] 胡晓青 . 坚持中国特色社会主义文化发展道路 [EB/OL].（2021-12-29）[2023-05-01].http：//dangjian.people.com.cn/GB/n1/2022/1229/c117092-32595894.html.

[11] 中国教育在线 . 把思想政治工作贯穿教育教学全过程开创我国高等教育事业发展新局面 [EB/OL].（2022-08-10）[2023-05-01].https：//www.eol.cn/sizheng/kecheng/202008/t20200810_1750735.shtml.

[12] 新华社 . 习近平说，新时代中国特色社会主义思想是全党全国人民为实现中华民族伟大复兴而奋斗的行动指南 [EB/OL].（2017-10-18）[2023-05-01].http：//www.xinhuanet.com//politics/19cpcnc/2017-10/18/c_1121820173.htm.

[13] 观察者网 . 联合国裁军研究所：47 个国家组建网络战部队 .[EB/OL].（2013-06-08）[2023-05-01].https：//www.guancha.cn/Science/2013_06_08_150149.shtml.

后 记

随着互联网的快速发展，网络安全问题日益引起国家的重视，并先后出台了一系列关于加强网络监管的法律法规，保证了网络空间的基础有序运行。高校也越来越重视对大学生的网络安全教育和网络安全体系建设事业。但是互联网发展日新月异，我国的互联网相关立法和政策还有不完善之处，高校的网络安全教育也多有不足。多种多样、层出不穷的网络安全问题延伸到高校的事实，与高校网络安全教育不足的现实，形成一种教育内在工作不足与网络问题汹涌不断的倒挂现状，因此，网络安全问题也引起人们的广泛关注，成为当前高校教育尤其思想政治教育研究的重点课题。笔者也尝试着从网络安全问题入手，指向高校的网络安全教育和高校网络安全意识体系建构，既研究问题，也尽力去探究解决问题之道。

本书首先从网络安全的基本问题入手，总体评估巩固我国高校网络安全意识体系，然后分析大学网网络安全意识构成，为后文分析网络问题奠定基础；接着从网络道德失范、网络暴力、网络文化安全等领域，分析各自领域的网络安全问题，根据各领域内容的不同分别有所侧重；

最后，笔者从理论和实践两大角度剖析了高校网络安全意识体系建构问题。

本书主要内容包括三部分。第一部分：第一章至第二章，此部分侧重总领式的现状分析，尤其聚焦到“网络安全意识”这一核心问题，奠定了全书研究的基础。笔者先从概念解析、高校网络安全意识体系建构面临的问题两大角度，总体评估了目前高校网络安全意识体系建构的整体状况，接着从网络安全意识构成和影响因素两大角度剖析了大学生网络安全意识的现状。

第二部分：第三章至第五章，分别从网络道德失范、网络暴力、网络文化安全（包括网络意识形态安全）三大领域分析了当前高校网络安全的主要问题。本书摆脱了传统网络安全教育侧重“物理层次”安全的出发点，更关注到“精神层次”的安全。笔者将网络道德失范、网络暴力、网络文化安全三大领域放在一起进行研究，并分析其基于“网络安全”的共性和差异性，是相关研究中较少采用的全面视角。

第三部分：第六章至第七章，分析了高校网络安全意识体系建构理论基础和建构对策。此部分是基于第二部分网络安全问题研究基础上的进一步拓展，立足于解决网络安全问题，建设高校网络安全意识体系。在理论基础层次，笔者分别从高校网络安全意识体系基础理论和教育理论两大角度进行分析；在实践途径层次，笔者分别从宏观策略层次和微观策略层次进行了全面阐释。

基于以上研究介绍，笔者研究的主要创新之处在于少有地将网络安全问题“融为一炉”进行全面细致地分析，并建立起不同网络安全问题之间的内在研究逻辑。在此基础上，笔者还比较全面地分析了高校网络安全意识体系的理论基础，这种理论基础分析的视角是比较广泛的，充分考虑了网络发展实际和教育实际。最后本书在高校网络安全意识体系建构策略上，也进行了相关研究少有的详细解析，剖析了体系建设的宏观和微观策略，既有一定的理论的指导性，也有相对不错的实践意义。但是正是由于选用了较为全面的研究视角，因此，本书内容偏理论分析而忽视了网络问题的实际调查。这也是本书的一大遗憾和未来笔者研究的努力方向。

由于时间紧迫和笔者学术水平不够精致，本课题对大学生网络安全问题的分析和对高校网络安全意识体系建构的研究设想，还有许多不足之处。大学生网络安全教育及其相关领域研究是一项任重而道远的工作，而且随着网络的发展“常研常新”。笔者殷切期望大方之家对笔者研究进行斧正，也将继续在此领域开展相关研究，为大学生网络安全教育、为高校网络安全意识体系建构做出自己的贡献。

齐燕铭

2023 年 5 月